Die dynamischen Wirkungen der Wellenbewegung auf die Längsbeanspruchung des Schiffskörpers.

Von

Dr.-Ing. Fritz Horn.

Springer-Verlag Berlin Heidelberg GmbH
1910

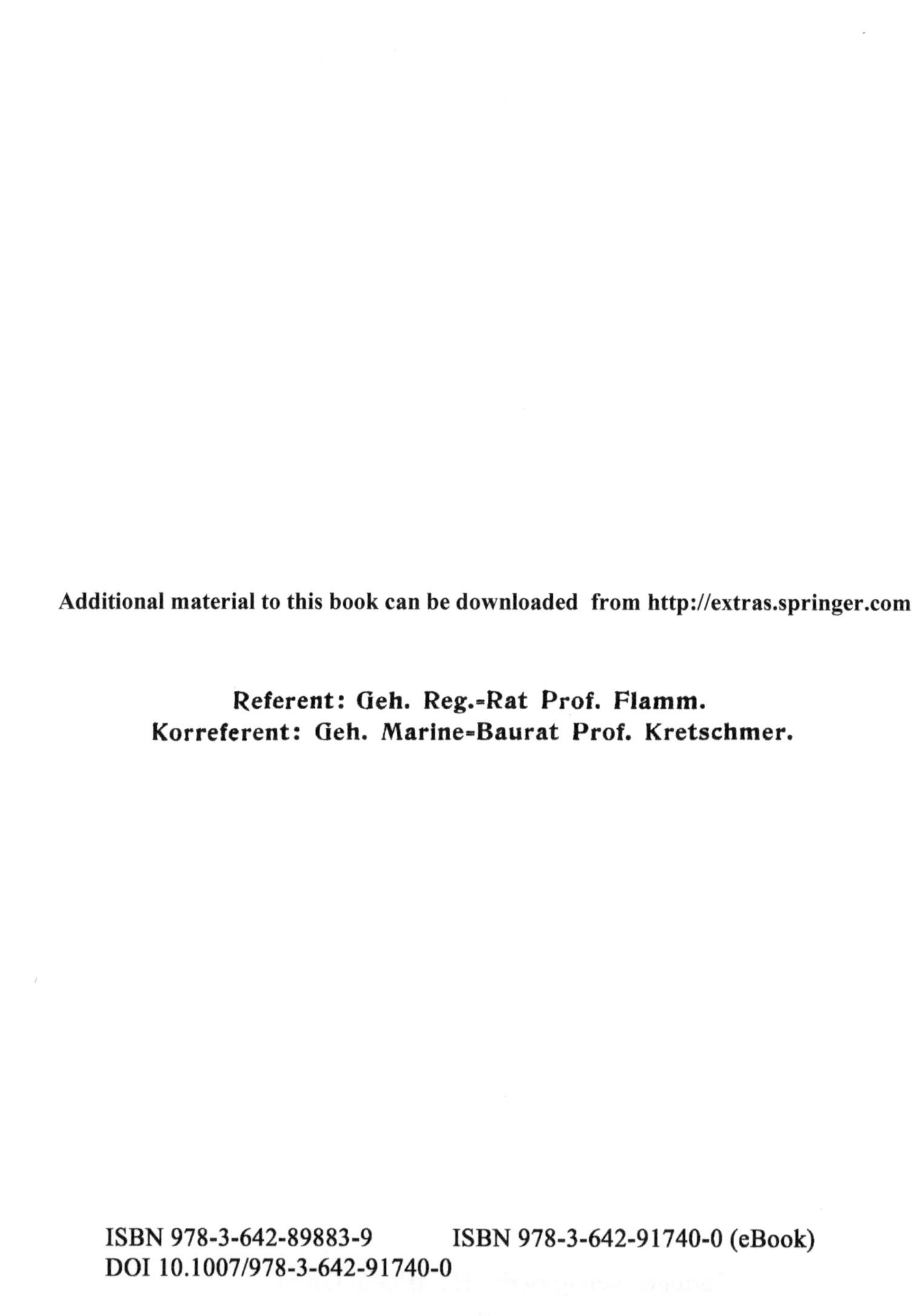

Additional material to this book can be downloaded from http://extras.springer.com

Referent: Geh. Reg.-Rat Prof. Flamm.
Korreferent: Geh. Marine-Baurat Prof. Kretschmer.

ISBN 978-3-642-89883-9 ISBN 978-3-642-91740-0 (eBook)
DOI 10.1007/978-3-642-91740-0

Softcover reprint of the hardcover 1st edition 1910

Inhaltsverzeichnis.

Die dynamischen Wirkungen der Wellenbewegung auf die Längsbeanspruchung des Schiffskörpers.

Vorbemerkungen.

Die Frage, zu deren Untersuchung die vorliegende Arbeit einen Beitrag geben will, ist schon mehrfach in der Fachlitteratur behandelt worden. Man hatte hier seit langer Zeit eine Lücke gesehen in einer so wichtigen, beim Entwurf eines Schiffes zu führenden Untersuchung, wie sie ohne Zweifel die Festigkeitsberechnung der Längsverbände auf Grund der durch die Wellen auf das Schiff übertragenen Beanspruchungen darstellt. Die Art und Weise, in welcher man bisher allgemein diesem Einfluß der Wellen Rechnung zu tragen pflegt, ist zu bekannt, um vieler Worte zu ihrer Erklärung zu bedürfen. Es ist dies die von Reed im Jahre 1872 vorgeschlagene und seitdem auch allgemein in der Praxis angewandte Methode.

Man denkt sich die Wasseroberfläche in Wellenform übergeführt und in dieser gewissermaßen erstarrt, so daß die Flächen gleichen Druckes gleichlaufend mit der Oberfläche sind. In einer solchen Welle wird das Schiff, Längsachse zusammenfallend mit der Richtung des Fortschreitens der Welle, als im statischen Gleichgewicht schwimmend gedacht, einmal im Wellenberg, das andere Mal im Wellental, und die diesen Lagen entsprechende Verteilung des Deplacements der weiteren Berechnung in der bekannten Weise zugrunde gelegt.

Man war sich dabei von vornherein darüber klar, daß die so erhaltenen Resultate nicht einwandfrei sein können, da die dabei gemachten Voraussetzungen in wesentlichen Punkten von der Wirklichkeit abweichen. Man hat sie daher auch immer nur mit großer Vorsicht angewandt und sie im Grunde nicht als absolute, sondern nur als Verhältniswerte angesehen.

Einmal ist es schon nicht richtig, sich die Verteilung des Druckes in den Wasserschichten in der angedeuteten Weise zu denken. In Wirklichkeit sind in der Welle die Flächen gleichen Druckes nicht gleichlaufend mit der Wellenoberfläche, sondern ihr Verlauf ist um so flacher, je tiefer die Schicht liegt. Die Folge davon ist, daß man nicht einfach den Auftrieb gleich dem durch die Wellenkontur abgeschnittenen Volumen, multipliziert mit dem spezifischen Gewicht des Wassers, setzen darf und daß daher eine in dieser Weise abgeleitete Deplacementskala die Verteilung des Auftriebes nicht richtig wiedergibt. Der Engländer W. E. Smith hat im Jahre 1883 diesen Punkt untersucht[1]) und gefunden, daß sich bei der üblichen Annäherungsmethode zu hohe Werte für die

---

[1]) W. E. Smith, »Hogging and sagging strains in a seaway as influenced by wave structure«, Vortrag vor der Inst. of Nav. Arch. im Jahre 1883.

Biegungsmomente ergeben, daß die Verkleinerung derselben auf Grund der Berücksichtigung des hydrodynamischen Druckes recht beträchtlich und um so größer ist, je größer der Tiefgang des Schiffes im Verhältnis zur Wellenlänge.

Trotzdem er aber durch die von Smith angegebene Methode der Berücksichtigung zugänglich ist, hat man diesen Einfluß in der Praxis doch meist vernachlässigt, wohl aus dem Grunde, weil man ihn als eine Art Sicherheitsfaktor ansah gegenüber einem anderen Einfluß, dem die übliche statische Methode ebenfalls nicht Rechnung trägt und von dem man annahm, daß er regelmäßig zur Erhöhung des Biegungsmomentes beitragen müsse

Wenn man nämlich einen Gleichgewichtszustand des Schiffes in der Welle der Berechnung zugrunde legt, so ist es klar, daß in Wirklichkeit das Schiff von einem solchen sehr weit entfernt ist. Denn wenn die Wellen in der Längsrichtung das Schiff passieren, wird in jedem Augenblick sowohl das von der Wellenkontur abgeschnittene Deplacement als auch dessen Moment, bezogen auf eine Querschiffsachse, verschieden sein. Die Folge ist das Auftreten von Beschleunigungen und Verzögerungen, d. h., da die Wellenbewegung eine periodisch sich wiederholende ist, das Auftreten von Schwingungen, und zwar zweierlei Arten von Schwingungen: einmal vertikale oder Tauchschwingungen, hervorgerufen durch die Veränderlichkeit der vertikalen Auftriebskräfte, zweitens Stampfschwingungen als Folgen der Veränderlichkeit der Auftriebsmomente.

Es sei hier gleich von vornherein erwähnt, daß wir uns bei den Drehbewegungen des Schiffes nur mit solchen um die Querachse beschäftigen. Denn bei der Symmetrie eines jeden Schiffes zu seiner Längsachse können Rollbewegungen durch Wellen, die in Richtung der Längsachse fortschreiten, nicht, oder wenigstens theoretisch nicht, hervorgerufen werden. Andererseits ist aber auch diese Lage des Schiffes, d. h. Längsachse mit der Richtung der Wellenbewegung zusammenfallend, diejenige, die für die Höchstbeanspruchung der Längsverbände allein in Betracht kommt, eine Annahme, zu der man schon von vornherein geneigt sein dürfte und welche sich auch bei näherer Untersuchung, wie ich hier nur andeuten will, durchaus bestätigt.

In jeder momentanen, durch den Verlauf der Tauch- und Stampfschwingungen bedingten Lage gibt uns die Abweichung der Auftriebskräfte von denen der zugehörigen statischen Gleichgewichtslage die beschleunigenden oder verzögernden Kräfte des Auftriebes, die zusammen mit dem in demselben Augenblick herrschenden Wasserwiderstand gegen die Schwingungen die gesamten beschleunigenden Kräfte darstellen. Deren Größe und Verteilung über die Schiffslänge bedingt eine bestimmte Größe der Vertikal- und Winkelbeschleunigung und infolgedessen der Trägheitskräfte, die wir bekanntermaßen in einer der Beschleunigung entgegengesetzten Richtung zu den äußeren Kräften hinzuzufügen haben, um auch auf den Fall des gestörten Gleichgewichtes die Gleichgewichtsbedingungen anwenden zu können. Diese beiden Gruppen von Kräften, beschleunigende und Trägheitskräfte, sind es, durch die sich der Zustand des Schiffes in seiner »dynamischen« Lage von dem der statischen Gleichgewichtslage unterscheidet. In ihrer Größe einander gleich, werden sie in ihrer Verteilung über die Schiffslänge ausnahmslos mehr oder weniger verschieden sein. Und dies ist der Grund des Auftretens neuer Biegungsmomente in den Schiffsquerschnitten, die wir dynamische oder Zusatzbiegungsmomente nennen wollen und deren Untersuchung der Zweck dieser Arbeit ist.

Aus dieser kurzen Skizzierung des Problems geht hervor, daß die Vorbedingung der Lösung die Ermittlung des Verlaufes der Schwingungen, Tauch- und Stampfschwingungen, ist, denen das Schiff in den Wellen unterworfen ist.

Die Lösung ist im Prinzip einfach und besteht in der Integration der Differentialgleichungen der Vertikalbewegung und der Drehbewegung um eine horizontale Querachse:

$$\text{Beschleunigung} = \frac{\text{beschl. Kraft}}{\text{Masse}} \text{ und Winkelbeschleun.} = \frac{\text{beschl. Moment}}{\text{Massenträgheitsmoment}}.$$

Die beschleunigenden Kräfte und Momente sind die des Auftriebes, d. h. der Differenz zwischen Auftriebskräften und -momenten der dynamischen und der statischen Lage, und die des Wasserwiderstandes. Erstere lassen sich für jede beliebige Lage des Schiffes in der Welle auf Grund der Linien, letztere auf Grund der Widerstandsgesetze ermitteln, und die Gleichungen lassen sich daher jederzeit durch graphische Integration lösen. Das Resultat wäre einwandfrei, wenn wir die Gesetze, denen der Wasserwiderstand folgt, genau kännten. So bildet dieser eine mehr oder minder große Quelle der Ungenauigkeit.

Abgesehen davon aber ist diese Lösung, so einfach im Prinzip, so umständlich in der praktischen Ausführung; sie erfordert für jedes Zeitteilchen Δt, das im Interesse einer genügenden Genauigkeit recht klein angenommen werden muß, also im ganzen für eine sehr große Anzahl solcher aufeinander folgender Zeitteilchen, eine vollständige Berechnung des von der Wellenkontur abgeschnittenen Deplacements und dessen Moments in bezug auf eine Querachse. Diese Umständlichkeit mag wohl der Grund sein, weshalb meines Wissens nirgends in der Litteratur ein solches Verfahren zur Ermittlung der Tauch- und Stampfschwingungen erwähnt ist. Höchstens könnte ich auf die Abhandlung von A. Dietzius, »Einfluß der Stampfbewegungen beim Stapellauf auf die Beanspruchung des Schiffes«, Schiffbau Jahrg. 1904/05, verweisen, worin die Ermittlung des Verlaufes der Schwingungen ebenfalls durch graphische Integration erfolgt. Doch ist dort der Fall wesentlich anders insofern, als ja die Wellenbewegung dabei gar nicht in Frage kommt.

An Stelle dieser umständlichen graphischen Lösung wäre eine analytische vorzuziehen in der Weise, wie sie für die Rollschwingungen seit lange bekannt ist. Doch läßt sich diese von W. Froude[1]) zuerst angegebene und späterhin vielfach erweiterte Theorie auf unseren Fall nicht anwenden, weil sie zur Voraussetzung hat, daß die im Profil der Welle sich zeigenden Dimensionen des Schiffes klein sind im Vergleich zu denen der Welle. Das ist der Fall bei den Querschnittsdimensionen, die für die Rollschwingungen in Betracht kommen, aber offenbar durchaus nicht bei den Längendimensionen, die in unserem Falle maßgebend sind. So existierte bis vor nicht allzu langer Zeit keine gleiche Theorie für die Schwingungen eines in der Richtung der Wellen schwimmenden Schiffes, und so finden wir z. B. auch in dem Werke von Pollard und Dudebout: »Théorie du Navire« 1890 bis 1894, welches in der ausführlichsten Weise sämtliche in der Theorie des Schiffes auftretenden Probleme behandelt, über diesen Punkt nur kurze Bemerkungen[2]), die sich vornehmlich auf die von Bertin ausgeführten praktischen Experimente zur Messung der durch die Wellen erzeugten Stampfschwingungen stützen, denen aber eine rechnerische Grundlage fehlt.

Im Jahre 1890 gab Read in einem Vortrag vor der Institution of Naval Architects: »On the variation of the stresses on vessel's at sea due to the wave motion« einen Beitrag zur Lösung des Problems, auf den wir später noch genauer zurückkommen werden. Es sei daher hier nur kurz erwähnt, daß das

[1]) W. Froude, »On the rolling of ships«, Inst. of Nav. Arch. 1861

[2]) Band III Kap. 48: Du tangage sur houle.

Prinzip seiner Methode, die er übrigens merkwürdigerweise nur zur Ermittlung der Tauchschwingungen benutzt, obgleich sie für die Stampfschwingungen ebensogut anwendbar ist, für die Berechnung der meisten praktischen Fälle sehr gut brauchbar erscheint, aber auch auf Grund einer der Wirklichkeit sehr nahe kommenden empirischen Formel eine allgemeinere mathematische Behandlung gestattet. Weshalb im einelnen die Resultate, zu denen Read gelangt, nicht durchweg zutreffend sind, werden wir ebenfalls später sehen.

Schließlich trat im Jahre 1896 Captain Kriloff, Professor an der Marine-Akademie in St. Petersburg, in einem ebenfalls vor der Institution of Naval Architects gehaltenen Vortrag: »A new theory of the pitching motion of ships on waves and the stresses produced by this motion« mit einer vollständig neuen Methode zur Ermittlung der Schwingungen eines in der Richtung der Wellen schwimmenden Schiffes hervor. Er gibt darin eine exakte, freilich auch äußerst komplizierte Entwicklung der Schwingungsgleichungen, aber er zeigt auch zugleich Mittel und Wege zu einer einfacheren und doch für die meisten praktischen Zwecke genügend genauen Behandlung, die in der Tat einfach genug ist, um Anwendung in der Praxis finden zu können. Captain Kriloff gibt auch, ganz kurz am Schluß des erwähnten und ausführlicher in einem anderen Vortrag: »On stresses experienced by a ship in a seaway«, gehalten vor der Inst. of Nav. Arch. im Jahre 1898, eine Anwendung dieser Resultate auf die Ermittlung der durch die Schwingungen hervorgerufenen dynamischen Beanspruchungen.

Somit wäre also, soweit es auf die Durchführung einer numerischen Berechnung an einem praktischen Falle ankommt, die Frage der dynamischen Wirkungen der Wellenbewegung auf die Längsbeanspruchung des Schiffskörpers schon gelöst. Meine Absicht ist es nun, von Kriloffs Theorie ausgehend, die Untersuchung von einer rein numerischen Behandlung loszulösen und ihr einen allgemeineren Charakter zu geben. Das wird uns in den Stand setzen, die Einflüsse, die bei den Schwingungen und dynamischen Beanspruchungen eine Rolle spielen, zu prüfen und zu übersehen und daher zu einer Klärung der Frage beitragen, die die Durchführung einer Berechnung an einem einzelnen Beispiele, wegen der Mannigfaltigkeit der das Resultat bestimmenden Faktoren, nicht bieten kann. Wie sich herausstellen wird, sind die Verhältnisse häufig von vornherein so gut zu beurteilen, daß sich eine Untersuchung überhaupt ganz und gar erübrigt und daß man den Fall des statischen Gleichgewichtes, den man bisher den Festigkeitsrechnungen zugrunde gelegt hat — aber, wie gesagt, immer mit dem Gefühl einer großen Unzulänglichkeit und mit starker Vorsicht —, tatsächlieh mit nahezu völliger Berechtigung als maßgebend beibehalten kann.

Es ist klar, daß, sobald wir von einer numerischen Behandlung zu allgemeineren Untersuchungen übergehen, es darauf ankommt, die Haupttendenzen so klar wie möglich hervortreten zu lassen und die Nebenerscheinungen soweit auszuschalten, als es irgend zulässig erscheint. Bei der ziemlich verwickelten Art aller in dieses Gebiet fallenden Rechnungen wird sich daher eine solche Untersuchung naturgemäß auf die einfachsten Annahmen beschränken und häufig zu Vereinfachungen greifen müssen, die bei der numerischen Berechnung eines bestimmten Falles durchaus nicht notwendig sind. So ist zunächst allen Untersuchungen allgemeinerer Natur durchweg die Theorie Kriloffs in ihrer vereinfachten Form — die eine Sinoide als Wellenkurve und einen hydrostatischen Druck in den Wellenschichten voraussetzt — zugrunde gelegt. Ferner werden wir vielfach unsere Untersuchungen an Körpern mit mathematisch bestimmbaren

Formen vornehmen. Ebenso wie der Vergleich mit geometrischen Körpern auch sonst vielfach in der Theorie des Schiffes von Nutzen ist und häufig zu brauchbaren Annäherungsformeln führt, so lassen sich auch hier manche Eigenschaften, die bei den richtigen Schiffsformen mehr oder weniger verschleiert, aber doch im Grunde bestimmend zum Ausdruck kommen, am besten an den einfachsten geometrischen Formen studieren. Eine Voraussetzung, die wir sehr häufig machen werden, ist die einer Symmetrie der Schiffsform zu der Hauptspantebene.

Die Einteilung des Stoffes hat naturgemäß in der Weise zu erfolgen, daß zunächst die Schwingungen als die Ursachen der dynamischen Beanspruchungen zu behandeln sind. Es erschien mir dabei nicht angängig, auf die Methode Kriloffs, die als Grundlage des Ganzen dient, einfach als bekannt zu verweisen, sondern ich habe sie, soweit es erforderlich schien, noch einmal und im Prinzip unverändert wiedergegeben (S 14 bis 17, 23 bis 24), nur mit den Umformungen, die durch den Verzicht auf eine rein numerische Behandlung bedingt sind. Kurz eingeschoben ist dabei eine Untersuchung der Schwingungen, die unter Vernachlässigung des Wasserwiderstandes entstehen würden, weil einmal ein Vergleich der mit und ohne Widerstand erfolgenden Bewegungen interessant ist und wir zweitens dabei Gelegenheit haben, auf die schon erwähnte Methode Reads zu sprechen zu kommen und sie mit der Kriloffs zu vergleichen. Bei der darauf folgenden Untersuchung unter Berücksichtigung des Wasserwiderstandes habe ich mich zur Bestimmung des Widerstandskoeffizienten eines von dem Kriloffs abweichenden Verfahrens bedient, vornehmlich um dem Falle des Synchronismus der Schwingungen besser gerecht werden zu können. Angeschlossen sind Untersuchungen über den Einfluß des hydrodynamischen Druckes in den Wellenschichten und den der Trochoidenform der Welle, Untersuchungen, die nicht nur den Zweck haben, in praktischen Fällen die entsprechenden Korrektionen zu ermöglichen, sondern auch ganz allgemein Art und Größe dieses Einflusses übersehen zu lassen. — Da es nun aber auch Fälle extremer Schiffsformen gibt, bei denen jede analytische Methode versagen würde, habe ich der Entwicklung des analytischen die des ohne Ausnahme anwendbaren graphischen Verfahrens hinzugefügt und habe versucht, dasselbe mit Benutzung einiger Resultate der analytischen Rechnung so einfach zu gestalten, wie es den Umständen nach möglich erscheint. Diese Rechnung ist auch in einem im Anhang enthaltenen Beispiele praktisch durchgeführt.

Die Entwicklung der Schwingungsgleichungen in allgemeiner Form gibt uns das Mittel an die Hand, in dem darauf folgenden Abschnitt die Abhängigkeit der Schwingungen von den sie beeinflussenden Faktoren zu prüfen. Es sind dies Untersuchungen, die sich zum Teil nicht unmittelbar für die spätere Berechnung der dynamischen Beanspruchungen verwerten lassen, die aber an und für sich zur Beurteilung des Verhaltens der verschiedenen Schiffe im Seegange von Interesse sind.

Im zweiten Hauptteil ist zunächst, im Anschluß an die analytische Ableitung der Schwingungsgesetze, das analytische Verfahren zur Bestimmung der dynamischen Zusatzbiegungsmomente entwickelt, außerdem ist aber auch, um die Unterlage für einen Vergleich zu gewinnen, das in den bisher üblichen Rechnungen allein berücksichtigte statische Moment in mathematischer Form zum Ausdruck gebracht. Es folgt die Beschreibung des graphischen Verfahrens zur Bestimmung des Verlaufes der Biegungsmomente, das den durch graphische Integration gefundenen Schwingungsverlauf zur Grundlage hat. Im letzten und wichtigsten Abschnitte dieses Teiles sind endlich die aus dem analytischen Verfahren, zum Teil unter Einführung weiterer vereinfachender Annahmen, sich ergebenden Folgerungen gezogen, die nicht nur die verschiedenen Einflüsse, die in den dynamischen Zusatzmomenten zum Ausdruck kommen, erkennen lassen, sondern vor allem auch die letzteren, unter den verschiedenartigsten äußeren Bedingungen, in ihrem Verhältnis zum statischen Moment, der Größe und dem Sinne nach, zeigen und so eine sehr allgemeine und übersichtliche Beurteilung der dynamischen Wirkung der Wellenbewegung im Vergleich zu der bisher rein statisch angenommenen gewähren. Die Hauptresultate dieser Untersuchung sind in einem besonderen Schlußabschnitt kurz zusammengefaßt.

Der Anhang endlich gibt die vollständige Durchführung der Rechnung zur Ermittlung der Schwingungen sowohl wie der dynamischen Biegungsmomente an einem besonders komplizierten praktischen Fall, welcher uns gestatten wird, das analytische wie das graphische Verfahren in seinen Details und unter zahlenmäßiger Veranschaulichung kennen zu lernen. Außerdem sind auch im Anschluß an das praktische Beispiel einige Untersuchungen allgemeiner Natur, aber mehr nebensächlicher Bedeutung in den Anhang verwiesen.

A) Die Schwingungen eines in Richtung der Wellen sich bewegenden Schiffes.

Kurz vorausschicken wollen wir einige Bemerkungen über die in vertikaler Richtung und um die horizontale Querachse erfolgenden Schwingungen eines Schiffes im glatten Wasser, die wir im Gegensatz zu den durch die Wellen erzeugten oder, wie man sagt, erzwungenen Schwingungen Eigenschwingungen nennen. Die für diese geltenden Gesetze sind bekannt. Es soll nur deshalb ganz kurz auf sie hingewiesen werden, weil die Perioden der Eigenschwingungen auch eine wichtige Rolle bei den erzwungenen Schwingungen spielen. Wir brauchen daher auch auf den Wasserwiderstand, der nur die Amplitude, nicht die Periode der Schwingungen beeinflußt, hier keine Rücksicht zu nehmen.

Tauchschwingungen im glatten Wasser.

Wird einem schwimmenden Körper durch irgend einen Anstoß eine Bewegung in vertikaler Richtung erteilt, so herrscht in einem Augenblick, in dem er eine momentane Tauchungsänderung z gegen die Ruhelage hat, eine beschleunigende Kraft

$$K = -\gamma F z,$$

wenn F das Areal der Schwimmebene und im Bereich der Tiefertauchung die Form des Körpers prismatisch vorausgesetzt ist. Das Minuszeichen ist einzusetzen, weil K immer entgegengesetzt dem Sinne von z wirkt. Das Gesetz der Bewegung drückt sich dann durch die Gleichung aus:

$$\frac{d^2 z}{d t^2} = \frac{K}{M} = -\frac{\gamma g F}{P} z = -\frac{g F}{V} z \quad . \quad . \quad . \quad . \quad . \quad . \quad . \quad (1),$$

wobei unter $M = \frac{P}{g}$ die Masse und unter V die normale Wasserverdrängung des Körpers verstanden ist. Schreibt man nun

$$\frac{g F}{V} = k^2 \quad . \quad . \quad . \quad . \quad . \quad . \quad . \quad . \quad . \quad . \quad . \quad (2),$$

so ist die allgemeine Lösung der Differentialgleichung $z = A \cos k t + B \sin k t$, wobei die Integrationskonstanten A und B aus den gegebenen Anfangsbedingungen des Körpers bezüglich Lage und Geschwindigkeit zu bestimmen sind. Es ist dies die Gleichung einer einfachen geradlinigen Schwingung. Wir wollen hier nur das aus ihr entnehmen, was sie uns über die Schwingungsperiode sagt. Wie wir sehen, behält z denselben Wert, wenn statt kt die Werte $(2\pi + kt)$, $(4\pi + kt)$ .... gesetzt werden. Es entspricht daher die Größe $kT_1 = (2\pi + kt) - kt = 2\pi$ einer Doppelschwingung, nach deren Verlauf der Körper wieder in seine alte Stellung zurückgelangt. Daraus folgt für die Dauer einer Doppelschwingung, d. h. für die Periode der Tauchschwingungen, der Wert

$$T_1 = \frac{2\pi}{k} = 2\pi \sqrt{\frac{V}{gF}} \quad \ldots\ldots\ldots \quad (3).$$

Stampfschwingungen im glatten Wasser.

Die Schwingungsachse kann man der Einfachheit halber, aber doch mit genügender Genauigkeit, der Länge nach auf der durch den Gewichtschwerpunkt gehenden Vertikalen, der Höhe nach in Höhe der Schwimmlinie annehmen.

Besitzt der Körper während einer durch irgend einen Anstoß erfolgten Drehbewegung um seine Schwingungsquerachse eine momentane Neigung φ gegen seine Gleichgewichtslage, so steht er in diesem Augenblick unter der Wirkung eines beschleunigenden Momentes $-P\,\overline{MG}\,\varphi$, worin $\overline{MG}$ den Abstand des Längenmetazentrums von dem Gewichtschwerpunkt bedeutet und der Winkel φ so klein vorausgesetzt ist, daß statt des Sinus der Bogen gesetzt werden kann. Ist ferner J das Massenträgheitsmoment des Körpers bezogen auf die Drehachse, so ist die Winkelbeschleunigung

$$\varepsilon = \frac{d^2\varphi}{dt^2} = -\frac{P\,\overline{MG}}{J}\,\varphi = -m^2\varphi \quad \ldots\ldots\ldots \quad (5),$$

indem dabei

$$m^2 = \frac{P\,\overline{MG}}{J} \quad \ldots\ldots\ldots\ldots \quad (6)$$

gesetzt ist.

Übrigens kann man immer mit genügender Genauigkeit $\overline{MG} = \overline{MF}$ setzen, weil $\overline{FG}$, der Abstand des Gewichts- von dem Deplacementschwerpunkt, immer sehr klein ist gegenüber $\overline{MG}$. Es ist dann bekanntermaßen, wenn J_w das Längen-Trägheitsmoment der Wasserlinie, $\overline{MG} = \overline{MF} = \frac{J_w}{V}$ und

$$m^2 = \frac{\gamma J_w}{J} \quad \ldots\ldots\ldots\ldots \quad (6a),$$

in welcher Form wir die Gleichung regelmäßig anwenden werden.

Die Form der Gl. (5) entspricht völlig der von Gl. (1), die Bewegung erfolgt also wieder in Form einer geradlinigen Schwingung, deren Periode, analog dem vorigen,

$$T_2 = \frac{2\pi}{m} = 2\pi \sqrt{\frac{J}{\gamma J_w}} \quad \ldots\ldots\ldots\ldots \quad (7)$$

ist.

Es ist noch von Wichtigkeit, die beiden Perioden T_1 und T_2 miteinander zu vergleichen. Aus Gl. (3) und (7) folgt

$$\frac{T_1}{T_2} = \frac{m}{k},$$

ferner aus Gl. (2) und (6)

$$\frac{k^2}{m^2} = \frac{F}{P}\,\frac{J}{J_w}\,g.$$

Führt man die entsprechenden Trägheitsradien i und i_w ein, so ist

$$J = \frac{P}{g} i^2, \quad J_w = F i_w^2,$$

also

$$\frac{k^2}{m^2} = \frac{i^2}{i_w^2}; \quad \frac{T_1}{T_2} = \frac{m}{k} = \frac{i_w}{i} \quad \ldots \ldots \ldots \quad (8).$$

Die beiden Schwingungsperioden werden gleich, wenn der Radius des Massenträgheitsmoments gleich dem des Wasserlinienträgheitsmoments ist. Das wäre z. B. regelmäßig der Fall bei Körpern mit ganz prismatischer Form, d. h. deren Horizontalschnitte sämtlich die Form der Schwimmwasserlinie aufweisen, und homogener Massenverteilung. Aber auch bei Schiffen mit normalen Formen und gut verteilter Ladung wird der Unterschied der Trägheitsradien i und i_w und daher auch der beiden Schwingungsperioden T_1 und T_2 nie sehr groß sein. Wir werden daher später häufig das Verhältnis $\frac{T_1}{T_2} = 1$ voraussetzen. Wenn wir dieses tun, so soll damit übrigens nicht etwa gesagt sein, daß unsere Ableitungen und Folgerungen an diesen Wert gebunden sein, sonden es ist das nur in den Fällen, bei denen die Größe dieses Verhältnisses weiter keine Rolle spielt, bei denen uns also die Wahl des Wertes beliebig freisteht, die bequemste und nebenbei auch natürlichste Annahme. Sobald jedoch eine Verschiedenheit der Größen i und i_w bezw. T_1 und T_2 von Einfluß auf unsere Untersuchungen wird, ist dieselbe selbstverständlich in Rücksicht gezogen (s. S. 56, 90/91, 100 bis 103 u. a.).

Wir gehen nun zu den Schwingungen über, welche bei einem in Richtung der Wellen schwimmenden Schiffe durch dieselben hervorgerufen werden.

I) Analytisches Verfahren zur Ermittlung der Schwingungen.

a) Formen und Gleichungen der Wellen.

Die Form der Rollwellen des Meeres, die für uns ja allein hier in Betracht kommen, d. h. der Wellen mit periodisch wiederkehrender Aufeinanderfolge, ist die Trochoide, und auf ihr beruhen die bekannten Gesetze der Wellenbewegung. Auch bei den üblichen Fertigkeitsrechnungen, bei denen man sich das Schiff im statischen Gleichgewicht in einer bewegungslosen Welle schwimmen denkt, legt man dieser im allgemeinen die Form der Trochoide zugrunde.

Im Gegensatz hierzu wollen wir bei den nächstfolgenden Untersuchungen von der einfacheren Form der Sinoide ausgehen; es soll aber später eine Methode angegeben werden, um auf einfache Weise den Fall der Trochoide auf den der Sinoide zurückführen zu können, ferner auch ein Mittel, um mit genügender Genauigkeit der Abweichung des in den Wellenschichten herrschenden hyrodynamischen Druckes von dem hydrostatischen, den mir zunächst voraussetzen, Rechnung zu tragen.

Dem Umstande, daß wir jetzt den statischen Zustand eines in einer bewegungslosen Welle im Gleichgewicht schwimmenden Schiffes verlassen und es fortan mit einer fortschreitenden Welle zu tun haben, müssen wir schon in der Form der Gleichung der Welle Rechnung tragen, d. h. wir müssen die Abszissen der Wellenkurve auf eine von der Wellenbewegung unabhängige Achse beziehen. Die Lage der Welle zu dieser Achse wird dann durch einen neu einzuführenden Faktor, ein Weg- oder ein Zeitmaß, markiert, letzteres ist für uns das gegebene.

Gleich hier sei erwähnt, daß wir uns die feste Achse mit dem Schiff verbunden denken. Wir setzen dies daher, mag es nun eine Eigengeschwindigkeit besitzen oder nicht, jedenfalls als in Ruhe befindlich voraus und übertragen eine etwaige Eigengeschwindigkeit auf die Welle, so daß wir es also mit deren relativer Geschwindigkeit im Verhältnis zum Schiffe und auch mit deren relativer Wellenperiode zu tun haben. Bei ein und derselben Welle wird sich daher die Periode, die wir in Rechnung zu setzen haben, gegenüber der wirklichen Periode verkürzen oder verlängern, je nachdem das Schiff gegen oder mit den Wellen sich bewegt. Hat es dieselbe Geschwindigkeit und Richtung wie die Wellen, so wird die relative Geschwindigkeit = 0 und wir haben damit den Fall des statischen Gleichgewichts.

1) Sinoide (Fig. 1).

In der Zeit t sei der Kamm der Welle von O bis A, also um die Strecke s fortgeschritten. Nun ist

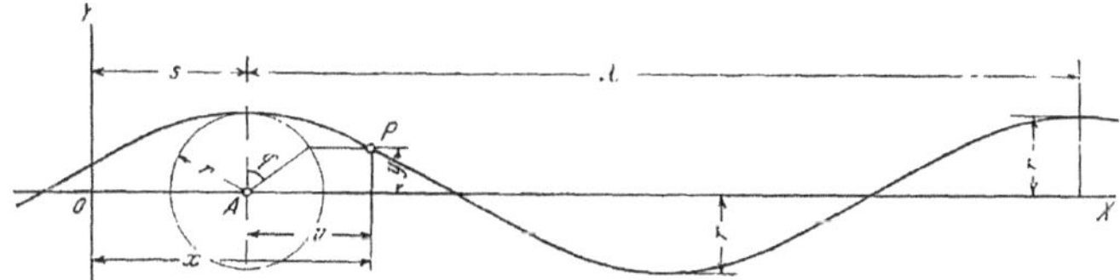

Fig. 1.

$$y = r \cos \varphi \text{ und } \frac{\varphi}{2\pi} = \frac{v}{\lambda},$$

wenn λ die ganze Wellenlänge bedeutet. Da $v = x - s$, so ist $\varphi = 2\pi \frac{x-s}{\lambda} = 2\pi\left(\frac{x}{\lambda} - \frac{s}{\lambda}\right)$. Der Strecke s entspricht nun die Zeit t, der Wellenlänge λ die relative Wellenperiode T; also ist $\frac{s}{\lambda} = \frac{t}{T}$ und

$$y = r \cos 2\pi \left(\frac{x}{\lambda} - \frac{t}{T}\right) \quad \dots\dots\dots (9).$$

Aus den Bedingungen der Ableitung geht hervor, daß für $t = 0$, ebenso $t = T$, $2T \dots$ die feste Achse mit der Mitte des Wellenberges, für $t = \frac{T}{2}, \frac{3T}{2} \dots$ mit der Mitte des Wellentales zusammenfällt.

2) Trochoide (Fig. 2).

Es ist $u - x = r \sin \varphi$, ferner ergibt sich aus der bekannten Art der Entstehung der Trochoide

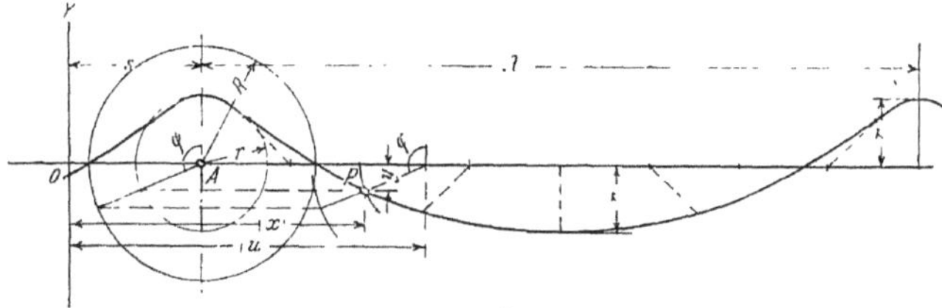

Fig. 2.

$$R\varphi = u - s \text{ und } 2R\pi = \lambda,\ R = \frac{\lambda}{2\pi},$$

woraus

$$\varphi = \frac{2\pi}{\lambda}(u-s) = \frac{2\pi u}{\lambda} - \frac{2\pi s}{\lambda}.$$

Setzen wir wieder wie bei der Sinoide $\frac{s}{\lambda} = \frac{t}{T}$, so

$$\left.\begin{aligned} &\text{I)} \quad u - x = r \sin 2\pi\left(\frac{u}{\lambda} - \frac{t}{T}\right) \\ &\text{II)} \quad y = r\cos\varphi = r\cos 2\pi\left(\frac{u}{\lambda} - \frac{t}{T}\right) \end{aligned}\right\} \quad \ldots\ldots \quad (10).$$

Die Bedingungen der Ableitung sind dieselben wie bei der Sinoide.

b) Ableitung der Schwingungsgleichungen unter Voraussetzung eines hydrostatischen Drucks in den Wellenschichten und der Sinoide als Wellenform.

Die nachstehende Ableitung (S. 14 bis 17, 23 bis 24) schließt sich, wie schon in den Vorbemerkungen erwähnt, in der Hauptsache der Methode Kriloffs in ihrer einfacheren Form an.

Die momentane Lage eines Schiffes in einer Welle sei in Fig. 3 dargestellt. Die Abweichung von der normalen Lage im ruhigen Wasser, wie sie der Schwimmwasserlinie WL entspricht, drückt sich aus durch eine vertikale Ver-

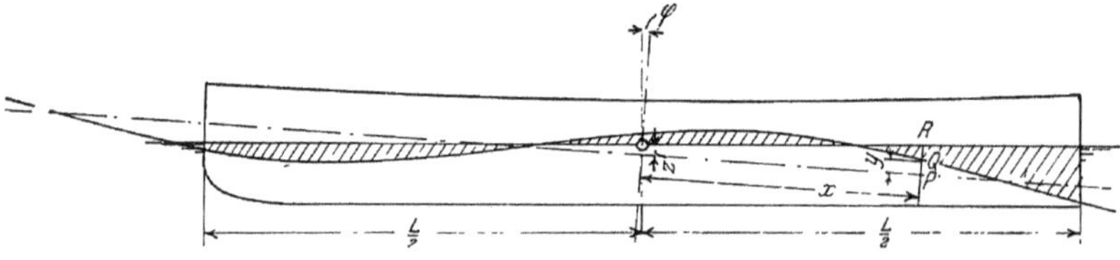

Fig. 3.

schiebung z und eine Neigung φ und die Abweichung des momentanen Auftriebs von dem normalen ist durch das schraffierte Volumen v dargestellt, das zwischen der Wellenkontur und der Wasserlinie WL enthalten ist und das wir das Volumen der Wellenzone nennen wollen.

Abgesehen von der Wirkung des Wasserwiderstandes, den wir zunächst nicht berücksichtigen wollen, stellt dann das Volumen v die beschleunigende Kraft der Vertikalbewegung und dessen Moment m, bezogen auf die Querschiffsdrehachse, das beschleunigende Moment der Drehbewegung dar, nur daß hier noch das durch Gewicht und normalen Auftrieb gebildete Kräftepaar $P\overline{FG}\varphi$ hinzuzufügen ist. Die Lösung der Aufgabe kommt also darauf hinaus, das Volumen v und das Moment m der Wellenzone zu berechnen.

Um dazu imstande zu sein, müssen wir folgende vereinfachende Annahmen machen:

1) Wir setzen im Bereiche der Wellenzone die Schiffswände vertikal voraus, so daß also innerhalb dieser Zone die Wasserlinien die Form der Schwimmwasserlinie beibehalten. Nahezu zutreffend ist diese Annahme nur für das Mittelschiff, während sich im Vor- und Hinterschiff mehr oder weniger große Abweichungen zeigen werden. Kriloff gibt eine Korrektionsmethode an, um dieser Abweichung Rechnung zu tragen, und wir werden dieselbe bei dem im

Anhang enthaltenen praktischen Beispiel zur Anwendung bringen (S. 109 bis 110). Im allgemeinen ist der Einfluß dieser Abweichung auf den Verlauf der Schwingungen gering und bildet nur eine von den Nebenerscheinungen, die wir unbedenklich bei allen allgemeineren Untersuchungen ausschalten können. Bei einigen extremen Schiffsformen jedoch, hier namentlich denen, die ein sehr kleines Verhältnis des Tiefgangs zur Länge und, auf Grund der üblichen Annahme damit zusammenhängend, auch ein, wenigstens im Verhältnis zu andern Schiffen, kleines Verhältnis des Tiefgangs zur Wellenhöhe aufweisen, bildet dieser Einfluß und der Fehler, den wir durch seine Vernachlässigung begehen würden, den Grund dafür, daß die analytische Berechnungsmethode, auch bei Anwendung der erwähnten Korrektur, ganz versagt und nur die graphische Methode zum Ziel führt.

2) Wir nehmen den Gewichtschwerpunkt und, als mit ihm zusammenfallend gedacht, die Querschiffsdrehachse der Höhe nach in der Ebene der Schwimmwasserlinie, der Länge nach auf Mitte Schiff an und

3) denken uns auch den Schwerpunkt der Wasserlinie in der Ebene des Hauptspants gelegen.

4) Wir setzen die Ausschläge der Stampfschwingungen so klein voraus, daß wir statt des Sinus des Ausschlagwinkels dessen Bogen, statt des Kosinus den Wert 1 setzen können.

Die unter 2, 3 und 4 genannten Annahmen weichen immer nur sehr wenig von der Wirklichkeit ab und geben daher kaum zu merklichen Fehlern Veranlassung.

Wir legen nun die Abszissenachse in die Höhe der Wasserlinie, die Ordinatenachse, d. i. die an dem Fortschreiten der Welle nicht teilnehmende feste Achse, in den Hauptspantquerschnitt des Schiffes. Da wir in den Gl. (9) und (10) das Fortschreiten der Welle als von links nach rechts erfolgend angenommen haben, so hat man sich bei einem Schiff, wenn gegen Richtung der Wellen sich bewegend, den Bug nach links, wenn in Richtung der Wellen, nach rechts gerichtet zu denken, demgemäß gelten im ersten Falle die positiven x für das Hinterschiff, die negativen für das Vorderschiff, im anderen Falle umgekehrt. Es ist dies bei unsymmetrischen Schiffsformen von Wichtigkeit.

Das Volumen v werde als positiv bezeichnet für seinen aus der Welle austauchenden, als negativ für den eintauchenden Teil; das Moment m positiv, wenn entgegengesetzt dem Sinne des Uhrzeigers drehend; ferner möge der vertikale Ausschlag z seinen positiven Wert haben, wenn nach oben, und der Ausschlagwinkel φ, wenn auf der Seite der positiven x nach oben gerichtet.

Aus der Fig. 3 ist dann ersichtlich, daß das Volumen

$$v = \int_{-\frac{L}{2}}^{+\frac{L}{2}} \beta \, QR \, dx \quad \ldots \ldots \ldots \ldots \quad (11)$$

ist, wenn β die ganze Breite der Wasserlinie an einer Stelle im Abstande x von der Mitte bedeutet. Es läßt sich nun das Maß QR durch $(PR - PQ)$ ausdrücken, und von diesen beiden Größen ist

$$PR = z \cos \varphi + x \sin \varphi = z + \varphi x \text{ (nach Annahme 4)},$$

$$PQ = \text{Ordinate der Wellenkurve} = y = r \cos 2\pi \left(\frac{x}{\lambda} - \frac{t}{T}\right) \text{ (vergl. Gl. (9))}.$$

Es ist dann

$$\mathfrak{v} = \int_{-\frac{L}{2}}^{+\frac{L}{2}} \beta\,(z + \varphi\, x - y)\, dx \quad . \; . \; . \; . \; . \; . \; . \; . \quad (11\,\mathrm{a}).$$

Hierin ist

$$\int_{-\frac{L}{2}}^{+\frac{L}{2}} \beta\, z\, dx = z \int_{-\frac{L}{2}}^{+\frac{L}{2}} \beta\, dx = z\, F,$$

wenn F das Areal der Wasserlinie,

$$\int_{-\frac{L}{2}}^{+\frac{L}{2}} \beta\, \varphi\, x\, dx = \varphi \int_{-\frac{L}{2}}^{+\frac{L}{2}} \beta\, x\, dx = \varphi\, S = 0,$$

da S, das statische Moment der Wasserlinie in bezug auf Mitte Schiff nach Annahme (3) $= 0$ zu setzen ist:

$$\int_{-\frac{L}{2}}^{+\frac{L}{2}} \beta\, y\, dx = \int_{-\frac{L}{2}}^{+\frac{L}{2}} \beta\, r \cos 2\pi\left(\frac{x}{\lambda} - \frac{t}{T}\right) dx$$

$$= r \cos \frac{2\pi t}{T} \int_{-\frac{L}{2}}^{+\frac{L}{2}} \beta \cos \frac{2\pi x}{\lambda}\, dx + r \sin \frac{2\pi t}{T} \int_{-\frac{L}{2}}^{+\frac{L}{2}} \beta \sin \frac{2\pi x}{\lambda}\, dx$$

$$= r\, a \cos \frac{2\pi t}{T} + r\, a' \sin \frac{2\pi t}{T}.$$

Die beiden hier auftretenden Integrale

$$a = \int_{-\frac{L}{2}}^{+\frac{L}{2}} \beta \cos \frac{2\pi x}{\lambda}\, dx \quad . \; . \; . \; . \; . \; . \; . \; . \; . \; . \quad (12)$$

und

$$a' = \int_{-\frac{L}{2}}^{+\frac{L}{2}} \beta \sin \frac{2\pi x}{\lambda}\, dx \quad . \; . \; . \; . \; . \; . \; . \; . \; . \; . \quad (13)$$

lassen sich nach einer der bekannten Integrationsmethoden, z. B. einer der Simpsonschen Regeln, leicht auf Grund der Wasserlinienaufmaße berechnen, wie das später in dem Beispiel des Anhangs gezeigt werden soll.

Wir haben also nun in

$$\mathfrak{v} = z\, F - r\, a \cos \frac{2\pi t}{T} - r\, a' \sin \frac{2\pi t}{T} \quad . \; . \; . \; . \; . \; . \quad (14)$$

das momentane Volumen der Wellenzone, das als Funktion des vertikalen Ausschlags z und der Zeit t auftritt.

In ganz ähnlicher Weise erhalten wir für das Moment

$$\mathfrak{m} = \int_{-\frac{L}{2}}^{+\frac{L}{2}} \beta\, \overline{QR}\, x\, dx = \int_{-\frac{L}{2}}^{+\frac{L}{2}} (z + \varphi\, x - y)\, \beta\, x\, dx \quad . \; . \; . \; . \; . \quad (15).$$

Hierin ist

$$z \int_{-\frac{L}{2}}^{+\frac{L}{2}} \beta\, x\, dx = z\, S = 0 \text{ (nach Annahme 3)},$$

$$\varphi \int_{-\frac{L}{2}}^{+\frac{L}{2}} \beta\, x^2\, dx = \varphi\, J_w,$$

wenn J_w das Längenträgheitsmoment der Wasserlinie bezogen auf Mitte Schiff,

$$\int_{-\frac{L}{2}}^{+\frac{L}{2}} \beta\, y\, x\, dx = \int_{-\frac{L}{2}}^{+\frac{L}{2}} \beta\, r \cos 2\pi \left(\frac{x}{\lambda} - \frac{t}{T}\right) x\, dx$$

$$= r \cos \frac{2\pi t}{T} \int_{-\frac{L}{2}}^{+\frac{L}{2}} \beta\, x \cos \frac{2\pi x}{\lambda}\, dx + r \sin \frac{2\pi t}{T} \int_{-\frac{L}{2}}^{+\frac{L}{2}} \beta\, x \sin \frac{2\pi x}{\lambda}\, dx$$

$$= r\, b \sin \frac{2\pi t}{T} + r\, b' \cos \frac{2\pi t}{T}.$$

Die beiden Integrale

$$b = \int_{-\frac{L}{2}}^{+\frac{L}{2}} \beta x \sin \frac{2\pi x}{\lambda}\, dx \quad . \; . \; . \; . \; . \; . \; . \; . \; . \; . \; . \quad (16)$$

und

$$b' = \int_{-\frac{L}{2}}^{+\frac{L}{2}} \beta\, x \cos \frac{2\pi x}{\lambda}\, dx \quad . \; . \; . \; . \; . \; . \; . \; . \; . \; . \quad (17)$$

sind wieder, wie a und a', nach der Simpsonschen Regel zu berechnen.

Es ist dann

$$\mathfrak{m} = \varphi\, J_w - r\, b \sin \frac{2\pi t}{T} - r\, b' \cos \frac{2\pi t}{T} \quad . \; . \; . \; . \; . \; . \; . \quad (18)$$

das momentane Moment der Wellenzone.

Was übrigens die beiden Integrale a' und b' anbetrifft, so sehen wir sofort, daß diese $= 0$ werden, sobald die Wasserlinie symmetrisch zu Mitte Schiff ist. Denn es gilt dann die gleiche Breite β sowohl für den Wert $+x$ wie $-x$, und es ist

$$a' = \int_{-\frac{L}{2}}^{+\frac{L}{2}} \beta \sin \frac{2\pi x}{\lambda}\, dx = \int_{0}^{\frac{L}{2}} \beta \sin \frac{2\pi x}{\lambda}\, dx - \int_{0}^{-\frac{L}{2}} \beta \sin \frac{2\pi x}{\lambda}\, dx = 0,$$

desgleichen

$$b' = \int_{-\frac{L}{2}}^{+\frac{L}{2}} \beta x \cos \frac{2\pi x}{\lambda} dx = \int_0^{\frac{L}{2}} \beta x \cos \frac{2\pi x}{\lambda} dx - \int_0^{-\frac{L}{2}} \beta x \cos \frac{2\pi x}{\lambda} dx = 0.$$

Ist die Wasserlinie nicht symmetrisch zu Mitte Schiff, wie das ja bei den freien Formen eines Schiffes nie genau der Fall sein kann, so werden doch zum mindesten bei allen nicht allzu extremen Schiffsformen die Integrale a' und b' sehr klein gegenüber a und b. Bei Anwendung der Rechnung auf einen praktischen Fall hat man nun zwar absolut keinen Grund, diese Glieder zu vernachlässigen, denn ihre Berücksichtigung bietet nicht die geringsten Schwierigkeiten. Bei Ableitungen allgemeiner Art werden wir sie jedoch häufig unterdrücken; bei allen Körper mit geometrisch bestimmbaren Formen, die uns als Beispiele dienen werden und deren Wasserlinienform immer symmetrisch zur Mitte ist, werden a' und b' ja sowieso von vornherein $= 0$. Die Formeln (14) und (18) gehen dann über in

$$\mathfrak{v} = z F - r a \cos \frac{2\pi t}{T} \quad \text{(14a)},$$

$$\mathfrak{m} = \varphi J_w - r b \sin \frac{2\pi t}{T} \quad \text{(18a)}.$$

Indem wir nun zur Aufstellung der Bewegungsgleichungen übergehen, wollen wir zunächst die Wirkung des Wasserwiderstandes vernachlässigen zu dem Zweck, um durch Vergleich dieser Rechnung mit der späteren genaueren den Einfluß des Widerstandes um so besser erkennen zu können. Dem Charakter einer überschläglichen Rechnung entsprechend, wenden wie die Annäherungsformeln (14a) und (18a) an und erhalten, nach den auf S. 14/15 gemachten Vorbemerkungen, ohne weiteres

$$\frac{P}{g} \frac{d^2 z}{dt^2} = -\gamma \mathfrak{v} = -\gamma F z + \gamma r a \cos \frac{2\pi t}{T} \quad \text{(19)},$$

$$J \frac{d^2 \varphi}{dt^2} = -\gamma \mathfrak{m} + P \overline{FG} \varphi = -\gamma (J_w - V \overline{FG}) \varphi + \gamma r b \sin \frac{2\pi t}{T} \quad \text{(20)},$$

worin $\frac{P}{g}$ die Masse, J das Massenträgheitsmoment des Schiffes bezogen auf Mitte Schiff bedeutet. Wir schreiben hierfür in anderer Form

$$\frac{d^2 z}{dt^2} = -k^2 z + Q \cos nt \quad \text{(19a)},$$

$$\frac{d^2 \varphi}{dt^2} = -m^2 \varphi + R \sin nt \quad \text{(20a)},$$

indem wir setzen

$$\frac{\gamma g F}{P} = \frac{g F}{V} = k^2 \text{ (s. Gl. (2))}, \quad \frac{\gamma (J_w - V \overline{FG})}{J} = \frac{P \overline{MG}}{J} = m^2 \text{ (s. Gl. (6))},$$

ferner

$$Q = \frac{\gamma g r a}{P} = \frac{k^2 r a}{F} \quad \text{(21)},$$

$$R = \frac{\gamma r b}{J} = \frac{m^2 r b}{J_w} \left(\text{mit } m^2 = \frac{\gamma J_w}{J}, \text{ Gl. (6a)}\right) \quad \text{(22)},$$

$$\frac{2\pi}{T} = n \quad \text{(23)}.$$

Das allgemeine Integral der ersten Differentialgleichung ist

$$z = C_1 \sin kt + C_2 \cos kt + A \cos nt.$$

Hierin sind C_1 und C_2 die beiden willkürlichen Konstanten, A eine andere Konstante, die wir nach der Methode der unbestimmten Koeffizienten bestimmen können. Es ist

$$\frac{dz}{dt} = k\,(C_1 \cos kt - C_2 \sin kt) - A n \sin nt\,,$$

$$\frac{d^2 z}{dt^2} = -\,k^2\,(C_1 \sin kt + C_2 \cos kt) - A n^2 \cos nt$$

$$= -\,k^2\,(z - A \cos nt) - A n^2 \cos nt = -k^2 z + A(k^2 - n^2) \cos nt.$$

Aus dieser Gleichung und Gl. (19) folgt durch Gleichsetzung der Koeffizienten von $\cos nt$:

$$A = \frac{Q}{k^2 - n^2}\,.$$

Die willkürlichen Konstanten C_1 und C_2 sind aus dem Anfangszustand des Körpers zu bestimmen. Nehmen wir für $t = 0$, $z = 0$ und die Geschwindigkeit $v = \frac{dz}{dt} = 0$ an, so folgt

$$C_1 = 0,\; C_2 = -A = -\frac{Q}{k^2 - n^2}\,,$$

also

$$z = \frac{Q}{k^2 - n^2}\,(\cos nt - \cos kt) \quad . \;\; . \;\; . \;\; . \;\; . \;\; . \;\; . \quad (24).$$

In ganz ähnlicher Weise ergibt sich durch Lösung der Differentialgleichung (20) der Neigungswinkel

$$\varphi = \frac{R}{(m^2 - n^2)\,m}\,(m \sin nt - n \sin mt) \quad . \;\; . \;\; . \;\; . \;\; . \;\; . \quad (25).$$

Um ein Beispiel zu geben und zugleich, weil wir die darin zu errechnenden Werte später doch brauchen, wollen wir bei dieser Gelegenheit die bisherige Rechnung auf die einfachste geometrische Form eines schwimmenden Körpers, das Parallelepipedon, anwenden. Für dieses ist β = konstant $= B$ und wir erhalten

$$a = B \int_{-\frac{L}{2}}^{+\frac{L}{2}} \cos \frac{2\pi x}{\lambda}\, dx = \frac{B\lambda}{2\pi} \left[\sin \frac{2\pi x}{\lambda}\right]_{-\frac{L}{2}}^{+\frac{L}{2}} = \frac{B\lambda}{\pi} \sin \frac{\pi L}{\lambda}$$

$$b = B \int_{-\frac{L}{2}}^{+\frac{L}{2}} x \sin \frac{2\pi x}{\lambda}\, dx = \frac{B\lambda^2}{4\pi^2} \left[-\frac{\pi x}{\lambda} \cos \frac{\pi x}{\lambda} + \sin \frac{\pi x}{\lambda}\right]_{-\frac{L}{2}}^{+\frac{L}{2}} = \frac{B\lambda^2}{2\pi^2} \left(\sin \frac{\pi L}{\lambda} - \frac{\pi L}{\lambda} \cos \frac{\pi L}{\lambda}\right).$$

a' und b' sind selbstverständlich $= 0$. Es folgt

$$Q = \frac{g r B \lambda}{\pi V} \sin \frac{\pi L}{\lambda} = g r \frac{\lambda}{\pi L} \sin \frac{\pi L}{\lambda}$$

$$R = \frac{\gamma r B \lambda^2}{2 \pi^2 J} \left(\sin \frac{\pi L}{\lambda} - \frac{\pi L}{\lambda} \cos \frac{\pi L}{\lambda}\right).$$

Diese Werte wären in Gl. (24) und (25) einzusetzen. Es ist außerdem $k^2 = \frac{F g}{V} = \frac{g}{H}$, wenn unter H der normale Tiefgang verstanden ist, $m^2 = \frac{g}{H} \frac{i_w^2}{i^2}$ (s. Gl. (8)) und $n = \frac{2\pi}{T}$, wobei T die relative Wellenperiode. Daher würde, da alles übrige bekannt ist, der Berechnung der Ausschläge z und φ nichts mehr im Wege stehen.

Ist die Wellenlänge λ gleich der Länge L des Körpers, so wird das Integral a und damit auch $Q = 0$, $\frac{d^2 z}{dt^2} = -k^2 z$ und bei den angenommenen Anfangsbedingungen $z = 0$. Dies Resultat war natürlich vorauszusehen, denn da die Sinoidenwelle bei einem Parallelepipedon von gleicher Länge immer das gleiche Deplacement abschneidet, kann eine Bewegung des Körpers in vertikaler Richtung nicht eintreten.

Das Integral b wird für den Fall $\lambda = L$

$$b = \frac{BL^2}{2\pi}, \quad R = \frac{\gamma r BL^2}{2\pi J}.$$

Zu den allgemeinen Gleichungen (24) und (25) zurückkehrend, sehen wir, daß die Schwingungen jetzt nicht mehr geradlinig sind, wie wir sie im glatten Wasser beobachtet haben, sondern sie haben die Form der Schwingungen eines Doppelpendels, bei dem ein kleines Pendel mit der Schwingungsperiode $T_1 = \frac{2\pi}{k}$ bezw. $T_2 = \frac{2\pi}{m}$ am Ende eines großen mit $T = \frac{2\pi}{n}$ aufgehängt ist. z und φ entsprechen den Ausschlägen des kleinen Pendels gegen die Senkrechte als Funktionen der Zeit. Auf dieselbe Form der Bewegungsgleichung kommt man bekanntlich bei der Untersuchung der Rollschwingungen eines Schiffes im Seegange, wenn man dabei ebenfalls den Wasserwiderstand vernachlässigt[1]).

Die Schwingungsausschläge lassen sich als Kurven als die Differenz zweier Sinuslinien mit verschiedenen Perioden darstellen und für Gl. (24) ist dies in Fig. 4 ausgeführt.

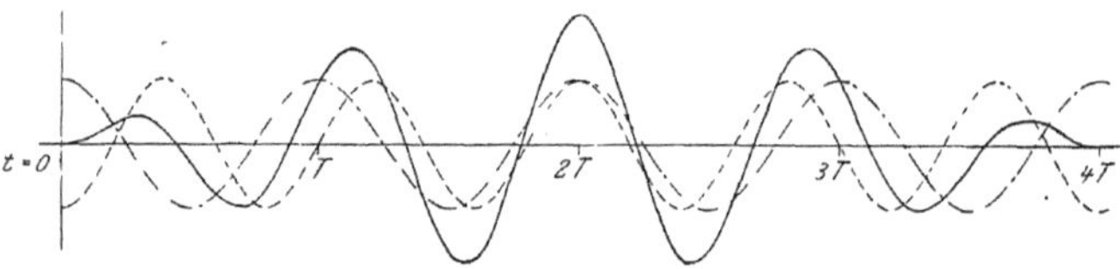

Fig. 4.

Der Charakter und Verlauf der Kurve hängt augenscheinlich von dem Verhältnis der beiden Größen k und n ab, d. h. von dem Verhältnis der natürlichen Tauchperiode des Körpers im glatten Wasser und der Wellenperiode. Die erstere ist hier zu 4 sk, die zweite zu 5 sk angenommen, dementsprechend $k = 1{,}57$, $n = 1{,}255$.

Ein absolutes Maximum der Kurve tritt auf, wenn in einem Augenblick, wo $\cos nt$ ist, $\cos kt = -1$ wird. Dies ist bei den angenommenen Werten, wie sich leicht übersehen läßt, der Fall für $t = 2\,T,\ 6\,T,\ 10\,T \ldots$, Augenblicken, in denen das Schiff auf der Mitte eines Wellenberges schwimmt (vergl. die Bemerkungen zu Gl. (9) S. 15/16). Die Größe des Ausschlages beträgt hierbei $z_{max} = \frac{2\,Q}{k^2 - n^2}$. Andererseits ist für $t = 0,\ 4\,T,\ 8\,T \ldots$, also ebenfalls in Augenblicken der Lage des Schiffes im Wellenberg, sowohl $\cos nt$ wie $\cos kt = 1$, also $z = 0$. Die Lagen des Schiffes im Wellental sind unter den angenommenen Bedingungen nicht in gleicher Weise ausgeprägt.

---

[1]) Nach Pollard et Dudebout, Théorie du navire, III, S. 187; Johow, Hülfsbuch für Schiffbau, 1910 S. 443.

Auf scheinbar ganz anderem Wege ist Read in seiner bereits in der Einleitung (S. 7) erwähnten Schrift zu derselben Gleichung und derselben Kurve für die Tauchschwingungen gekommen. Er geht darin von der Kurve aus, die den Weg des Schwerpunktes eines Schiffes, als Funktion der Zeit aufgetragen, beim Passieren einer Welle darstellt, wenn dabei in jedem Augenblick statisches Gleichgewicht vorausgesetzt wird, Fig. 5. Diese Kurve ist offenbar ohne große

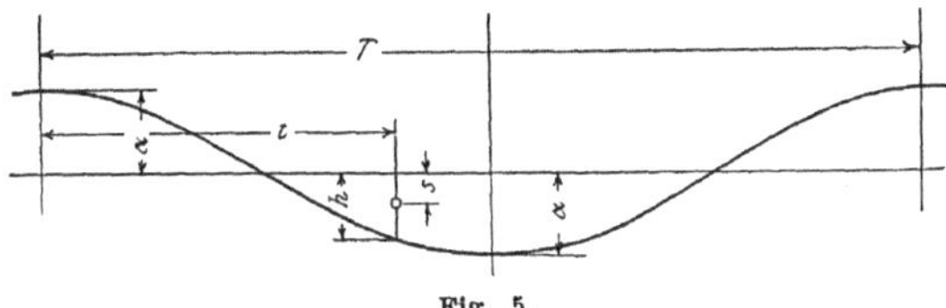

Fig. 5.

Mühe für jedes Schiff zu konstruieren. Read hat nun gefunden, daß sie sich immer mit sehr guter Annäherung durch die Gleichung wiedergeben läßt: $h = \alpha \cos \sqrt{\frac{2\pi t}{T}}$[1], wobei h den Ausschlag zur Zeit t, gemessen von der Mittellage, α den größten Ausschlag bedeutet. Da in Wirklichkeit wegen der dynamischen Wirkungen der Schwerpunkt sich nicht auf dieser Kurve, sondern auf einer anderen mit einem Ausschlag s zur selben Zeit t bewegen wird, so wirkt auf das Schiff in diesem Augenblick eine beschleunigende Kraft in vertikaler Richtung $p\left(\alpha \cos \frac{2\pi t}{T} - s\right)$, wenn p den Auftrieb pro Längeneinheit der Tauchungsänderung bedeutet. So erhält Read die Gleichung:

$$\frac{d^2 s}{dt^2} = \frac{p}{M}\left(\alpha \cos \frac{2\pi t}{T} - s\right),$$

die, wenn auch in etwas anderer Form geschrieben, genau unserer Gl. (19) entspricht $\left(\text{mit } s \text{ statt } z,\ \frac{p}{M} \text{ statt } k^2,\ \frac{p}{M}\alpha \text{ statt } Q\right)$.

Uebrigens läßt sich diese Methode, die Read nur zur Ermittlung der Tauchschwingungen verwertet hat, ebensogut auch zur Untersuchung der Stampfschwingungen benutzen. Man braucht nur an Stelle der in Fig. 5 dargestellten den Weg des Schwerpunktes darstellenden Kurve eine entsprechende zu konstruieren, die die beim Passieren einer Welle auftretenden Neigungen des in jedem Augenblick im statischen Gleichgewicht gedachten Schiffes als Funktion der Zeit wiedergibt. Nebenbei bemerkt, erhält man diese Kurve immer gleichzeitig mit der ersteren, denn wenn man den vertikalen Ausschlag für eine Gleichgewichtslage des Schiffes in der Welle bestimmen will, muß man dabei zugleich auch die zugehörige Neigung feststellen.

Diese neue Kurve würde sich nun ebenfalls annähernd durch eine Gleichung der Form $\vartheta = \beta \sin \frac{2\pi t}{T}$ darstellen lassen, wobei β den größten Ausschlagwinkel bedeutet, und das beschleunigende Moment in einer beliebigen durch den Ausschlagwinkel φ gegebenen Lage würde sein $\gamma J_w\left(\beta \sin \frac{2\pi t}{T} - \varphi\right)$. Setzen

[1]) Statt $\cos \frac{2\pi t}{T}$ finden wir bei Read den Ausdruck $\sin \frac{\pi t}{T}$; doch geht dieser in ersteren über, wenn man, statt, wie Read, die Periode einer einfachen, die einer Doppelschwingung mit T bezeichnet; ferner statt der Lage des Schiffes auf halber Wellenhöhe die im Wellenberg zum Ausgangspunkt, d. h. für $t = 0$, annimmt.

wir dies gleich dem Moment der Massenkräfte $J\frac{d^2\varphi}{dt^2}$, so erhalten wir, nur in etwas anderer Form, unsere Gl. (20).

Tatsächlich beruhen die Methoden Reads und Kriloffs auf genau demselben Prinzip. Wir sehen das sofort, wenn wir in Gl. (14a) das Volumen v, entsprechend der jetzt vorauszusetzenden statischen Gleichgewichtslage, $= 0$ setzen. Wir erhalten dann den hierbei auftretenden Ausschlag $z_{st} = \frac{ra}{F}\cos\frac{2\pi t}{T}$ und sehen, daß z_{st} der Größe h und $\frac{ra}{F}$ der Größe α bei Read entspricht. In analoger Weise, mit $m = 0$, erhalten wir aus Gl. (18a) $\varphi_{st} = \frac{rb}{Jw}\sin\frac{2\pi t}{T}$ und bemerken die Uebereinstimmung von φ_{st} und ϑ einerseits, $\frac{rb}{Jw}$ und β andererseits. Es besteht also nur der Unterschied zwischen beiden Methoden, daß Read die beiden Größen α und β auf konstruktivem, Kriloff auf mathematischem Wege ableitet.

Man könnte aus diesem Grunde geneigt sein, der Methode Reads für praktische Zwecke den Vorzug zu geben, vor allem deshalb, weil in den Readschen Kurven die Veränderlichkeit der Wasserlinienform in den bei den aufeinanderfolgenden statischen Gleichgewichtslagen von der Welle berührten Schichten zum Ausdruck kommt. Es ist aber zu bedenken, daß die darin liegende Korrektur durchaus nicht erschöpfend ist, denn es bleibt als Hauptfehlerquelle der Umstand bestehen, daß bei den dynamischen Schwingungen neue Schichten mit den Wellen in Berührung kommen, deren vielfach recht beträchtliche Abweichungen von der Wasserlinienform in den Readschen Kurven der statischen Ausschläge natürlich nicht berücksichtigt sein können. Wir werden daher, wenn überhaupt eine Korrektur erforderlich erscheint, gleich zu dem wirksameren Korrektionsverfahren Kriloffs, das im Anhang wiedergegeben ist, zu greifen haben.

Für die Zwecke dieser Arbeit, soweit sie theoretische Untersuchungen betreffen, ist das analytische Verfahren jedenfalls das gegebene.

Bevor wir die Ausführungen über die ohne Widerstand erfolgende Bewegung schließen, wollen wir noch kurz den Fall erwähnen, in dem die Periode der Eigenschwingungen gleich der Wellenperiode wird und den man den Fall des Synchronismus der Schwingungen nennt. Hierfür wäre, um die Tauchschwingungen als Beispiel zu nehmen, in Gl. (24) $n = k$ zu setzen und es wird

$$z = Q\frac{\cos nt - \cos kt}{k^2 - n^2}(n = k) = \frac{0}{0};$$

differentiiere Zähler und Nenner nach n, so

$$z = Q\frac{t\sin nt}{2n}(n = k) = \frac{Qt\sin kt}{2k}.$$

Diese Gleichung zeigt, daß die Amplitude der Schwingungen mit wachsendem t ständig zunehmen und schließlich theoretisch gleich ∞ werden würde. Abgesehen davon, daß natürlich bei sehr großen Schwingungsausschlägen fast sämtliche vereinfachenden Annahmen, die wir gemacht haben, auch nicht entfernt mehr zutreffen, beweist dieses unmögliche Resultat doch auch, daß die Gl. (24) und (25) in dieser Form nicht brauchbar sind und daß wir den Wasserwiderstand nicht außer acht lassen dürfen, den wir also jetzt in unsere Differentialgleichungen einzuführen haben.

Man setzt den Widerstand, den die Bewegung eines Körpers im Wasser erfährt, in der Mechanik gewöhnlich proportional dem Quadrat der Geschwindigkeit, obgleich auch dies durchaus nicht genau zutrifft. Wir müssen uns aber hier mit der Annäherung begnügen, ihn proportional der ersten Potenz der Geschwindigkeit zu setzen, weil anderenfalls die entstehende Differentialgleichung nicht mehr linear ist und nur noch eine graphische Lösung derselben möglich wäre. Der Fehler, den wir mit dieser Annäherung in Kauf nehmen, kann, wie wir sehen werden, nicht groß werden, wir werden ihn außerdem durch geeignete Wahl des Koeffizienten auf ein so geringes Maß wie möglich zu beschränken suchen.

Wir setzen demnach:

den Widerstand des Wassers gegen die Vertikalbewegung $W = f_1 v = f_1 \frac{dz}{dt}$,

das Moment des Widerstandes gegen die Drehbewegung $M_w = f_2 \omega = f_2 \frac{d\varphi}{dt}$,

worin v die Geschwindigkeit der vertikalen, ω die Winkelgeschwindigkeit der Drehbewegung, f_1 und f_2 Koeffizienten bedeuten.

Die Gleichungen (19) und (20) gehen dann, zugleich unter Hinzufügung der Glieder mit a' und b', über in:

$$\frac{P}{g}\frac{d^2z}{dt^2} + f_1 \frac{dz}{dt} + \gamma F z = \gamma r a \cos \frac{2\pi t}{T} + \gamma r a' \sin \frac{2\pi t}{T} \quad \ldots \quad (26),$$

$$J \frac{d^2\varphi}{dt^2} + f_2 \frac{d\varphi}{dt} + \gamma (J_w - V\overline{FG})\, \varphi = \gamma r b \sin \frac{2\pi t}{T} + \gamma r b' \cos \frac{2\pi t}{T} \quad . \quad (27),$$

oder

$$\frac{d^2z}{dt^2} + w_1 \frac{dz}{dt} + k^2 z = Q \cos nt + Q' \sin nt \quad \ldots \quad (26\,\mathrm{a}),$$

$$\frac{d^2\varphi}{dt^2} + w_2 \frac{d\varphi}{dt} + m^2 \varphi = R \sin nt + R' \cos nt \quad \ldots \quad (27\,\mathrm{b}),$$

wenn wir hierbei außer den schon auf Seite 21 angegebenen Abkürzungen setzen:

$$Q' = \frac{\gamma g r a'}{P} = \frac{k^2 r a'}{F} \quad \ldots \quad (28),$$

$$R' = \frac{\gamma r b'}{J} = \frac{m^2 r b'}{J w} \quad \ldots \quad (29),$$

$$w_1 = \frac{f_1 g}{P} \quad \ldots \quad (30),$$

$$w_2 = \frac{f_2}{J} \quad \ldots \quad (31).$$

Das allgemeine Integral von Differentialgleichungen dieser Form lautet, mit Beziehung zu Gl. (26a) geschrieben:

$$z = e^{-\frac{w_1}{2}t}\left(C_1 \cos \sqrt{k^2 - \frac{w_1^2}{4}}\, t + C_2 \sin \sqrt{k^2 - \frac{w_1^2}{4}\, t}\right) + A \cos nt + B \sin nt.$$

Hierin sind C_1 und C_2 die willkürlichen Konstanten und A und B, die Konstanten des partikulären Integrals z_p, lassen sich nach der Methode der unbestimmten Koeffizienten wie folgt bestimmen:

Durch zweimalige Differentiation des partikulären Integrals

$$z_p = A \cos nt + B \sin nt$$

ergibt sich

$$\frac{d z_p}{d t} = -A n \sin n t + B n \cos n t,$$

$$\frac{d^2 z_p}{d t^2} = -A n^2 \cos n t - B n^2 \sin n t,$$

und wir haben nun, auf Grund von Gl. (26a), zu setzen:

$$-A n^2 \cos nt - B n^2 \sin nt - w_1 A n \sin nt + w_1 B n \cos nt + k^2 A \cos nt + k^2 B \sin nt = Q \cos nt + Q' \sin nt.$$

Hieraus folgen durch Gleichsetzung der Koeffizienten der Glieder mit $\cos nt$ einerseits und $\sin nt$ andererseits die beiden Gleichungen

$$-A n^2 + w_1 B n + k^2 A = Q,$$
$$-B n^2 - w_1 A n + k^2 B = Q',$$

woraus sich ergibt

$$A = \frac{Q(k^2 - n^2) - w_1 n Q'}{(k^2 - n^2)^2 + w_1^2 n^2}; \quad B = \frac{Q'(k^2 - n^2) + w_1 n Q}{(k^2 - n^2)^2 + w_1^2 n^2}.$$

Das Integral der Gl. (26a) lautet daher nun:

$$z = e^{-\frac{w_1}{2} t}\left(C_1 \cos \sqrt{k^2 - \frac{w_1^2}{4}}\, t + C_2 \sin \sqrt{k^2 - \frac{w_1^2}{4}}\, t\right) + \frac{[Q(k^2 - n^2) - Q' w_1 n] \cos nt + [Q'(k^2 - n^2) + Q w_1 n] \sin nt}{(k^2 - n^2)^2 + w_1^2 n^2} \quad . \; . \; . \quad (32).$$

Ganz genau auf dieselbe Weise erhalten wir als Integral der Gl. (27a)

$$\varphi = e^{-\frac{w_2}{2} t}\left(C_3 \cos \sqrt{m^2 - \frac{w_2^2}{4}}\, t + C_4 \sin \sqrt{m^2 - \frac{w_2^2}{4}}\, t\right) + \frac{[R(m^2 - n^2) - R' w_2 n] \sin nt + [R'(m^2 - n^2) - R w_2 n] \cos nt}{(m^2 - n^2)^2 + w_2^2 n^2} \quad . \; . \; . \quad (33).$$

Wie wir sehen, nehmen für w_1 und $w_2 = 0$ und gleichzeitig auch Q' und $R' = 0$ diese Gleichungen die alte einfache Form (24) und (25) an.

C_1, C_2, C_3 und C_4, die willkürlichen Konstanten der Gleichungen, könnten wir aus den Anfangsbedingungen der Bewegung bestimmen, doch ist leicht zu sehen, daß wir das gar nicht nötig haben. Wenn wir nämlich den Faktor $e^{-\frac{w}{2} t}$ betrachten, so zeigt sich, daß dieser mit wachsendem t sehr bald sehr klein wird, so daß infolgedessen das ganze Glied, das die willkürlichen Konstanten enthält, nach kurzer Zeit verschwindet. Wenn wir z. B. in Gl. (32) für w_1 einen Wert, wie wir ihn später in einem Beispiel haben werden, voraus-nehmen, nämlich $w_1 = 0{,}16$, so ist für $t = 10$ sk $e^{-\frac{w_1}{2} t} = \frac{1}{e^{0,8}} \backsim 0{,}45$; für $t = 1$ min $= 60$ sk $e^{-\frac{w_1}{2} t} = \frac{1}{e^{4,8}} \backsim 0{,}0082$. Noch viel schneller verschwindet das entsprechende Glied in Gl. (33), da der Koeffizient w_2 regelmäßig einen viel größeren Wert hat als w_1.

Die so in Fortfall kommenden Glieder stellen die Eigenschwingungen des Schiffes dar, die verbleibenden die durch die Wellenbewegung erzwungenen Schwingungen, deren Periode, wie wir sehen, mit der der Wellen übereinstimmt. In den Gl. (24) und (25), die den Wasserwiderstand nicht berücksichtigen, spielen die Eigenschwingungen, durch die Glieder mit $\cos kt$ bezw. $\sin mt$ dargestellt, noch eine gleichwertige Rolle mit den erzwungenen, durch $\cos nt$ bezw. $\sin nt$ ausgedrückten Schwingungen. Es geht also die Tendenz des Wasserwiderstandes dahin, die Eigenschwingungen nach kurzer Zeit vollständig zu unterdrücken, so daß nur noch die erzwungenen Schwingungen übrig bleiben.

Read hat in seiner schon genannten Abhandlung auch den Wasserwiderstand berücksichtigt, indem er seine auf S. 31 wiedergegebene Differentialgleichung durch ein Glied $w\left(\frac{ds}{dt}\right)^2$ vervollständigt und durch graphische Integration löst. Er kommt aber aus dem Grunde zu einem nicht einwandfreien Resultat, weil er diese Integration nur für die ersten Phasen der Bewegung ausführt, in denen die Eigenschwingungen noch fast ungeschwächt zum Ausdruck kommen. Der von ihm vorausgesetzte Fall könnte nur eintreten, wenn man ein vorher im glatten Wasser schwimmendes Schiff ganz unvermittelt der vollen Wirkung der Wellen ausgesetzt denkt, während man in Wirklichkeit natürlich mit einem allmählichen Uebergang vom Ruhezustand bis zur vollen Wellenstärke zu rechnen hat.

Nach Ausschaltung der die Eigenschwingungen darstellenden Glieder nehmen nun die Gl. (32) und (33) die Form an:

$$z = \frac{[Q(k^2-n^2) - Q'w_1 n]\cos nt + [Q'(k^2-n^2) + Qw_1 n]\sin nt}{(k^2-n^2)^2 + w_1^2 n^2} \quad . \ . \ (34),$$

$$\varphi = \frac{[R(m^2-n^2) + R'w_2 n]\sin nt + [R'(m^2-n^2) - Rw_2 n]\cos nt}{(m^2-n^2)^2 + w_2^2 n^2} \quad . \ . \ (35).$$

Mit Vernachlässigung von Q' und R', Größen, die ja bei allen Körpern mit zur Mitte symmetrischer Wasserlinie ohne weiteres $= 0$ werden, haben wir:

$$z = \frac{Q}{(k^2-n^2) + w_1^2 n^2}\left[(k^2-n^2)\cos nt + w_1 n \sin nt\right] \quad . \ . \ . \ (34\,\mathrm{a}),$$

$$\varphi = \frac{R}{(m^2-n^2)^2 + w_2^2 n^2}\left[(m^2-n^2)\sin nt - w_2 n \cos nt\right] \quad . \ . \ (35\,\mathrm{a}).$$

Alle diese Gleichungen stellen einfache geradlinige Schwingungen dar, welche die Periode der Wellenschwingungen $T = \frac{2\pi}{n}$ haben. Wir können sie noch etwas umformen, indem wir in der bekannten Weise[1]) die Abszissen transformieren auf $t' = t - t_0'$, wobei t_0' der Wert von t ist, für den der Schwingungsausschlag ein Maximum ist und der gegeben ist durch die Gleichung:

$$\operatorname{tg} nt_0' = \frac{Q'(k^2-n^2) + Qw_1 n}{Q(k^2-n^2) - Q'w_1 n} \text{ für Gl. (34) bezw. } = \frac{w_1 n}{k^2-n^2} \text{ für Gl. (34 a).}$$

Es wird dann

$$[Q(k^2-n^2) - Q'w_1 n]\cos nt + [Q'(k^2-n^2) + Qw_1 n]\sin nt$$
$$= \sqrt{(Q^2+Q'^2)\left[(k^2-n^2)^2 + w_1^2 n^2\right]}\cos nt'$$

bezw. $\quad (k^2-n^2)\cos nt + w_1 n \sin nt = \sqrt{(k^2-n^2)^2 + w_1^2 n^2}\cos nt'$,

dementsprechend

$$z = \sqrt{\frac{Q^2+Q'^2}{(k^2-n^2)^2 + w_1^2 n^2}}\cos nt' \quad (36); \qquad z = \frac{Q}{\sqrt{(k^2-n^2)^2 + w_1^2 n^2}}\cos nt' \quad (36\,\mathrm{a});$$

ebenso

$$\varphi = \sqrt{\frac{R^2+R'^2}{(m^2-n^2)^2 + w_2^2 n^2}}\sin nt'' \quad (37); \qquad \varphi = \frac{R}{\sqrt{(m^2-n^2)^2 + w_2^2 n^3}}\sin nt'' \quad (37\,\mathrm{a}).$$

Mit $\cos nt'$ bezw. $\sin nt'' = 1$ erhalten wir aus diesen Gleichungen unmittelbar die Amplituden der Schwingungen z_0 und φ_0, und wir werden sie deshalb häufig anwenden.

[1]) Vergl. Ritter, Analytische Mechanik § 35.

In allen diesen Gl. (34) bis (37) sind nach den bisherigen Entwicklungen alle Größen bekannt außer den Widerstandskoeffizienten w_1 und w_2, mit denen wir uns daher jetzt zu beschäftigen haben.

Wir hatten in den Differentialgleichungen (26) und (27) aus Einfachheitsgründen den Wasserwiderstand proportional der ersten Potenz der Geschwindigkeit gesetzt, wir wollen nun versuchen, den Koeffizienten w_1 und w_2 solche Werte zu geben, daß wir eine möglichst geringe Abweichung von dem mehr der Wirklichkeit entsprechenden Gesetz erhalten, nach welchem der Widerstand proportional dem Quadrat der Geschwindigkeit ist.

Dies Gesetz wird durch die Formel ausgedrückt:

$$W = \gamma \psi F v^2 \quad . \quad . \quad . \quad . \quad . \quad . \quad . \quad . \quad . \quad (38),$$

worin unter F die Projektion der benetzten Fläche auf eine zur Bewegungsrichtung senkrechte Ebene verstanden ist, also hier im Falle der Tauchschwingungen die Wasserlinienfläche. ψ ist ein Koeffizient, zu dessen numerischem Werte Folgendes zu erwähnen ist:

Bewegt sich ein prismatischer Körper von der Länge l und dem Querschnitt F in einer zu diesem Querschnitt senkrechten Richtung gegen das Wasser, so rechnet man in der Mechanik[1]) mit einem auf die Vorderfläche kommenden Widerstand $W_1 = \gamma \zeta_1 F \frac{v^2}{2g}$, wobei für ζ_1 im Mittel der Wert 1 gesetzt werden kann, und mit einem solchen auf die Hinterfläche $W_2 = \gamma \zeta_2 F \frac{v^2}{2g}$, wobei $\zeta_2 < \zeta_1$ ist und mit dem Verhältnis $\frac{l}{\sqrt{F}}$ variiert. W_1 entspricht in unserem Falle dem Widerstand während der Abwärtsbewegung, W_2 dem während der Aufwärtsbewegung, während in $\frac{l}{\sqrt{F}}$ die Größe l dem Maß der Eintauchung entspräche. Dies Verhältnis $\frac{l}{\sqrt{F}}$, mit der Eintauchung wechselnd, ist jedenfalls immer sehr klein, dementsprechend ζ_2 nahe seinem für eine dünne Platte geltenden Höchstwert und kann etwa $= 0{,}43$ gesetzt werden[2]). Zu berücksichtigen ist noch die Zuschärfung der Unterwasserform, die eine Verkleinerung des Widerstandes zur Folge hat. Auch dies kann natürlich nur schätzungsweise berücksichtigt werden, da der Winkel der Zuschärfung ja äußerst veränderlich ist. Nehmen wir ihn im Mittel zu 80^0 an, so sind W_1 und W_2 mit $\sin^2 80^0 \infty 0{,}97$ zu multiplizieren. Auf Grund dessen würde man erhalten:

$$\psi_1 = \frac{1{,}0 \times 0{,}97}{2 \times 9{,}81} = 0{,}0495; \quad \psi_2 = \frac{0{,}43 \times 0{,}97}{2 \times 9{,}81} = 0{,}0215.$$

Wir müssen uns hier damit begnügen, einen Mittelwert $\psi = \frac{\psi_1 + \psi_2}{2}$ einzuführen, und damit erhalten wir ein $\psi = 0{,}0355 \infty 0{,}036$, das wir nun den weiteren Rechnungen zugrunde legen wollen.

Es ist ohne weiteres klar, daß ein auf so vielen unsicheren Annahmen beruhender Wert keinen Anspruch auf Genauigkeit haben kann. Doch werden wir sehen, daß, nachdem wir der Hauptwirkung des Wasserwiderstandes durch Ausschaltung der Eigenschwingungen Rechnung getragen haben, sein Einfluß auf die erzwungenen Schwingungen in den meisten Fällen nicht mehr bedeu-

[1]) Vergl. Keck, Vorträge über Mechanik, II. Teil S. 335 bis 338.

[2]) D. i. der Wert für den Fall, daß der Körper der sich bewegende und das Wasser der ruhende Teil ist, er wäre bedeutend größer im umgekehrten Falle.

tend ist und daher ein nicht allzu großer Irrtum in der Wahl des Koeffizienten das Resultat nicht wesentlich beeinflussen kann. Uebrigens stimmt unser Wert ungefähr mit dem überein, den wir den in dem Aufsatze Reads enthaltenen Rechnungen entnehmen können, jedoch hat Read, weil er die Integration graphisch durchführt, die Trennung von ψ_1 und ψ_2 beibehalten können. Kriloff hat sich damit begnügt zu sagen, daß der Koeffizient kleiner sein müsse, als der, der für eine senkrecht gegen das Wasser bewegte ebene Fläche gilt. Diesen setzt er $= 0{,}06$, was zu hoch erscheint, da er unserem $\frac{\zeta_1}{2g} = 0{,}051$ entsprechen müßte.

Eine genaue Bestimmung wäre nur experimentell mit Hülfe der Ausschwingungskurven möglich, Versuche, die natürlich zweckmäßig an Modellen auszuführen und auf Grund des Aehnlichkeitsgesetzes — der Reibungswiderstand spielt hier nur eine sehr geringe Rolle — auf das große Schiff zu übertragen wären.

Wie können wir nun in jedem einzelnen Falle eine möglichst geringe Abweichung erreichen bei Anwendung des Gesetzes, das den Widerstand proportional der ersten Potenz, statt dessen, das ihn proportional dem Quadrat der Geschwindigkeit setzt? Ersteres wird als Kurve durch eine Gerade dargestellt, letzteres durch eine Parabel, Fig. 6. Einer angenommenen Maximalgeschwin-

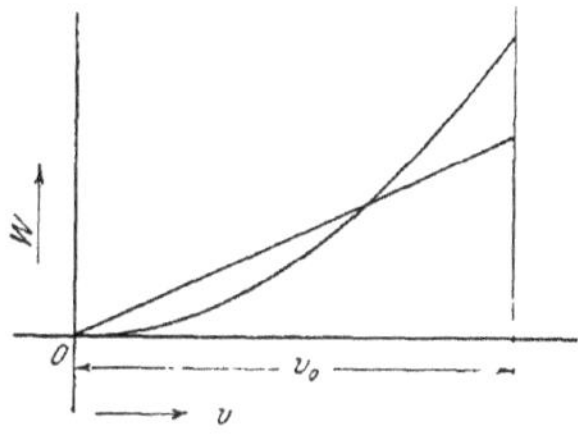

Fig. 6.

digkeit v_0 würde dann eine bestimmte Lage derjenigen Geraden entsprechen, die sich innerhalb der Grenzen der Geschwindigkeit von 0 bis v_0 der Parabel am besten anpaßt. Am folgerichtigsten werden wir vorgehen, wenn wir in beiden Fällen eine Gleichheit der Widerstandsarbeit zur Voraussetzung machen. Völlig exakt kann natürlich auch dies nicht sein, denn wir sind gezwungen, in beiden Fällen ein und dasselbe Bewegungsgesetz (d. i. Gl. (34) bezw. (35)) zugrunde zu legen, das genau nur für den einen Fall, nämlich den der linearen Beziehung zwischen Widerstand und Geschwindigkeit paßt. Doch wird dies Verfahren wenigstens eine möglichst genaue Annäherung ergeben.

Zunächst die Ableitung für den Koeffizienten w_1. Die Arbeit des Widerstandes ist

$$L_1 = \int W\,dz = \int W\,v\,dt.$$

Nun zuerst proportional der ersten Potenz der Geschwindigkeit gesetzt, ist $W = f_1 v$ (vergl. S. 23), also

$$L_1 = f_1 \int v^2\,dt.$$

Das Geschwindigkeitsgesetz entnehmen wir Gl. (36), aus welcher, mit $Q_m = \sqrt{Q^2 + Q'^2}$, folgt:

$$v = \frac{dz}{dt'} = -\frac{Q_m n}{\sqrt{(k^2 - n^2)^2 + w_1^2 n}} \sin n t';$$

also unter Berücksichtigung, daß $dt = d(t' + t_0) = dt'$,

$$L_1 = \frac{f_1 Q_m^2 n^2}{(k^2 - n^2)^2 + w_1^2 n^2} \int \sin^2 nt' \, dt'.$$

Das Integral dehnen wir über eine Periode aus, die alle Geschwindigkeiten von 0 bis v_{max} enthält, also z. B. von $t' = 0$ bis $t' = \frac{T}{4}$. Dann ist

$$L_1 = \frac{f_1 Q_m^2 n^2}{(k^2 - n^2)^2 + w_1^2 n^2} \frac{1}{n} \left[-\tfrac{1}{4} \sin 2\, nt' + \frac{nt'}{2} \right]_0^{\frac{T}{4}} = \frac{f_1 Q_m^2 n^2}{(k^2 - n^2)^2 + w_1^2 n^2} \frac{T}{8}.$$

Setze demgegenüber nun einen anderen Widerstand W' proportional dem Quadrat der Geschwindigkeit, also $W' = f_1' v^2$, so wird

$$L_1' = f_1' \int v^3 dt = -\frac{f_1' Q_m^3 n^3}{[(k^2 - n^2)^2 + w_1^2 n^2]^{3/2}} \int \sin^3 nt' \, dt',$$

wobei das Integral über dieselbe Periode zu nehmen ist wie vorher, folglich

$$\int_0^{\frac{T}{4}} \sin^3 nt' \, dt' = \frac{1}{n} \left[-\cos nt' + \frac{\cos^3 nt'}{3} \right]_0^{\frac{T}{4}} = \frac{T}{2\pi} \, \tfrac{2}{3} = \frac{T}{3\pi}$$

und

$$L_1' = -\frac{f_1' Q_m^3 n^3}{[(k^2 - n^2)^2 + w_1^2 n^2]^{3/2}} \frac{T}{3\pi}.$$

Setze nun $L_1 = L_1'$, so wird

$$f_1 = -\frac{8}{3\pi} \cdot \frac{Q_m n}{\sqrt{(k^2 - n^2)^2 + w_1^2 n^2}} f_1'.$$

Unbekannt sind in dieser Gleichung f_1 und w_1, diese hängen aber durch Gl. (30) zusammen, wonach $w_1 = \frac{f_1 g}{F} = f_1 \frac{k^2}{\gamma F}$, folglich

$$\frac{\gamma F w_1}{k^2} = -\frac{8}{3\pi} \frac{Q_m n}{\sqrt{(k^2 - n^2)^2 + w_1^2 n^2}} f_1'.$$

Für f_1' seinen Wert $\gamma \psi F$ gesetzt (Gl. (38)) und die Gleichung quadriert und geordnet, gibt

$$w_1^4 + w_1^2 \left(\frac{k^2 - n^2}{n} \right)^2 - (0{,}85\, \psi k^2 Q_m)^2 = 0,$$

woraus

$$w_1^2 = -\frac{(k^2 - n^2)^2}{2 n^2} + \sqrt{\frac{(k^2 - n^2)^4}{4 n^4} + (0{,}85\, \psi k^2 Q_m)^2} \quad . \quad . \quad . \quad . \quad (39).$$

Die Ableitung für den Koeffizienten w_2 geht in ganz ähnlicher Weise vor sich. Die Arbeit des Momentes M_w des Wasserwiderstandes ist

$$L_2 = \int M_w d\varphi = \int M_w \omega \, dt,$$

worin ω = Winkelgeschwindigkeit. Im ersten Falle, mit $W = f_1 v$, worin wir aber hier f_1 in der Form αF schreiben müssen, wird

$$M_w = \int_{-\frac{L}{2}}^{+\frac{L}{2}} x \, dW = \alpha \int_{-\frac{L}{2}}^{+\frac{L}{2}} x \, dF v = \alpha \omega \int_{-\frac{L}{2}}^{+\frac{L}{2}} dF x^2 = \alpha \omega J_w,$$

also

$$L_2 = \alpha J_w \int w^2 dt.$$

Aus Gl. (37) ergibt sich, mit $R_m = \sqrt{R^2 + R'^2}$,

$$\omega = \frac{d\varphi}{dt''} = \frac{R_m n}{\sqrt{(m^2 - n^2)^2 + w_2^2 n^2}} \cos n t'',$$

folglich analog dem vorigen,

$$L_2 = \frac{\alpha J_w R_m^2 n^2}{(m^2 - n^2)^2 + w_2^2 n^2} \int_0^{\frac{T}{4}} \cos^2 n t'' dt'' = \frac{\alpha J_w R_m^2 n^2}{(m^2 - n^2)^2 + w_2^2 n^2} \frac{T}{8}.$$

Im zweiten Falle, mit $w' = f_1' v^2 = \gamma \psi F v^2$, wird $M_w' = \int_{-\frac{L}{2}}^{+\frac{L}{2}} x \, d W'$. Hierbei ist zu berücksichtigen, daß der Widerstand verschiedenen Sinn haben muß, je nachdem x positiv oder negativ ist; da dies aber, weil er hier proportional $v^2 = \omega^2 x^2$ ist, nicht ohne weiteres zum Ausdruck kommt, haben wir zu schreiben:

$$M_w' = \int_0^{\frac{L}{2}} d W' x + \int_0^{-\frac{L}{2}} d W' x, \text{ d. i. } = \gamma \psi \omega^2 \left(\int_0^{\frac{L}{2}} d F x^3 + \int_0^{-\frac{L}{2}} d F x^3 \right) = \gamma \psi \omega^2 N,$$

wenn

$$N = \int_0^{\frac{L}{2}} d F x^3 + \int_0^{-\frac{L}{2}} d F x^3 \text{[1]} \quad \ldots \ldots \ldots \quad (40)$$

Es wird dann

$$L_2' = \gamma \psi N \int_0^{\frac{T}{4}} \omega^3 dt = \frac{\gamma \psi N R_m^3 n^3}{[(m^2 - n^2)^2 + w_2^2 n^2]^{3/2}} \int_0^{\frac{T}{4}} \cos^3 n t'' dt'' = \frac{\gamma \psi N R_m^3 n^3}{[(m^2 - n^2)^2 + w_2^2 n^2]^{3/2}} \frac{T}{3\pi}.$$

Aus $L_2 = L_2'$ folgt nun

$$\alpha = \frac{8}{3\pi} \frac{\gamma \psi N}{J_w} \cdot \frac{R_m n}{\sqrt{(m^2 - n^2)^2 + w_2^2 n^2}}.$$

Es ist nun nach Gl. (31) $w_2 = \frac{f_2}{J} = \frac{M_w}{\omega J}$, d. i., wenn wir für M_w den oben erhaltenen Wert $\alpha \omega J_w$ setzen, $= \alpha \frac{J_w}{J} = \frac{\alpha m^2}{\gamma}$ (vergl. Gl. (6a)). Der hieraus sich ergebende Wert von α in obige Gleichung eingesetzt, diese quadriert und geordnet, gibt:

$$w_2^4 + w_2^2 \left(\frac{m^2 - n^2}{n} \right)^2 - \left(0{,}85 \frac{\psi N}{J_w} m^2 R_m \right)^2 = 0$$

$$w_2^2 = - \frac{(m^2 - n^2)^2}{2 n^2} + \sqrt{\frac{(m^2 - n^2)^4}{4 n^4} + \left(0{,}85 \, \psi \frac{N}{J_w} R_m m^2 \right)^2} \quad . \; . \; . \quad (41).$$

In der äußeren Form scheinbar etwas kompliziert, bieten die Gl. (39) und (41) in der Anwendung doch keine Schwierigkeiten.

Um nun beurteilen zu können, wie groß der Einfluß des Wasserwiderstandes auf die ja nur noch in Frage kommenden erzwungenen Schwingungen

---

[1] Vergl. das Auftreten eines entsprechenden Ausdrucks in dem Aufsatz von A. Dietzius: »Ueber den Einfluß der Stampfbewegungen beim Stapellauf auf die Beanspruchung des Schiffes.« (Schiffbau, Jahrg. VI Nr. 7).

ist und um zugleich überhaupt die bisherigen Entwicklungen zu veranschaulichen, wollen wir jetzt zu einem Beispiel übergehen.

Wir wollen bei dem zu untersuchenden Körper eine geometrische Form der Wasserlinie annehmen, die der eines Schiffes einigermaßen nahekommt, nämlich die einer Parabel (Fig. 7).

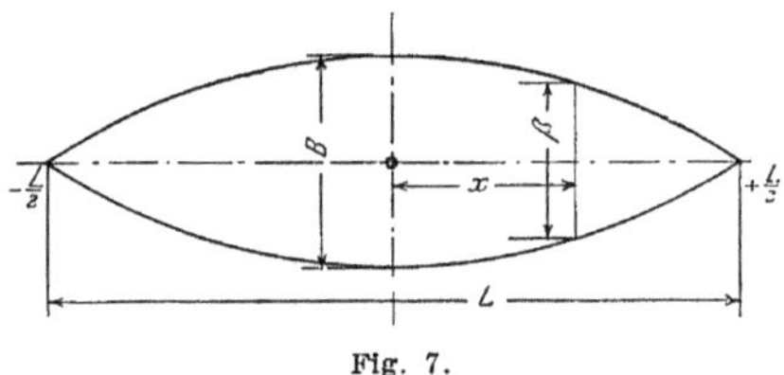

Fig. 7.

Die Abmessungen des Körpers seien: Länge $L = 80$ m, Breite $B = 10$ m, Tiefgang H $= 5$ m. Die Völligkeit der Wasserlinie ist, entsprechend der Parabelform $\alpha = 0{,}667$; nehmen wir ferner $\delta = 0{,}5$ und $\beta = 0{,}86$ an, so würde das bei einem $\varkappa = \frac{\delta}{\alpha\beta}$ von rund $0{,}87$ einigermaßen normale Verhältnisse für ein Schiff ergeben. Es ist dann

$$k^2 = \frac{gF}{V} = \frac{\alpha}{H\delta} g = 2{,}62, \quad k = 1{,}62, \quad T_1 = \frac{2\pi}{k} = 3{,}88 \text{ sek.}$$

Für m wollen wir denselben Wert voraussetzen, wie für k; das würde nach Gl. (8) besagen, daß die Trägheitsradien des Massenträgheitsmomentes und des der Wasserlinie gleich sind.

Aus Fig. 7 ergibt sich die zur Abszisse x gehörende Breite β der Wasserlinie folgendermaßen:

Die Scheitelgleichung der Parabel ist $x^2 = 2py$, worin der Parameter $p = \frac{L^2}{4B}$. Ferner ist $y = \frac{B-\beta}{2}$, also $x^2 = \frac{L^2}{4} - \frac{L^2}{4B}\beta$ und $\beta = B - \frac{4B}{L^2}x^2$.

Das Areal der Wasserlinie ist $F = {}^2/_3\, BL$, das Längenträgheitsmoment derselben

$$Jw = \int_{-\frac{L}{2}}^{+\frac{L}{2}} \beta x^2 dx = \int_{-\frac{L}{2}}^{+\frac{L}{2}} \left(B - \frac{4B}{L^2}x^2\right) x^2 dx = \frac{BL^3}{30},$$

entsprechend einem Trägheitsradius $i_w^2 = \frac{J_w}{F} = \frac{L^2}{20}$; endlich der Ausdruck

$$N = 2\int_0^{\frac{L}{2}} x^3 dF = 2\int_0^{\frac{L}{2}} \beta x^3 dx = 2\int_0^{\frac{L}{2}} \left(B - \frac{4B}{L^2}x^2\right) x^3 dx = \frac{BL^4}{96},$$

so daß das Verhältnis $\frac{N}{J_w} = \frac{5}{16} L = 25$.

Da die Wasserlinie symmetrisch zum Mittelquerschnitt, sind die Gl. (34a) und (35a) für uns maßgebend. Hierin sind zunächst Q und R und in diesen wieder in Integrale a und b zu berechnen. Wir haben

$$1)\ a = \int_{-\frac{L}{2}}^{+\frac{L}{2}} \beta \cos \frac{2\pi x}{\lambda}\, dx = B \int_{-\frac{L}{2}}^{+\frac{L}{2}} \cos \frac{2\pi x}{\lambda}\, dx - \frac{4B}{L^2} \int_{-\frac{L}{2}}^{+\frac{L}{2}} x^2 \cos \frac{2\pi x}{\lambda}\, dx$$

$$= \frac{B\lambda}{\pi} \sin \frac{\pi L}{\lambda} - \frac{4B}{L^2} \left(\frac{\lambda}{2\pi}\right)^3 \left(\frac{2\pi^2 L^2}{\lambda^2} \sin \frac{\pi L}{\lambda} + \frac{4\pi L}{\lambda} \cos \frac{\pi L}{\lambda} - 4 \sin \frac{\pi L}{\lambda}\right)$$

$$= \frac{2B\lambda^2}{\pi^2 L} \left(\frac{\lambda}{\pi L} \sin \frac{\pi L}{\lambda} - \cos \frac{\pi L}{\lambda}\right).$$

$$2)\ b = \int_{-\frac{L}{2}}^{+\frac{L}{2}} \beta x \sin \frac{2\pi x}{\lambda}\, dx = B \int_{-\frac{L}{2}}^{+\frac{L}{2}} x \sin \frac{2\pi x}{\lambda}\, dx - \frac{4B}{L^2} \int_{-\frac{L}{2}}^{+\frac{L}{2}} x^3 \sin \frac{2\pi x}{\lambda}\, dx$$

$$= \frac{B\lambda^2}{2\pi^2} \left(\sin \frac{\pi L}{\lambda} - \frac{\pi L}{\lambda} \cos \frac{\pi L}{\lambda}\right) - \frac{4B}{L^2} \left(\frac{\lambda}{2\pi}\right)^4 \left[- 2 \left(\frac{\pi L}{\lambda}\right)^3 \cos \frac{\pi L}{\lambda} + 6 \left(\frac{\pi L}{\lambda}\right)^2 \sin \frac{\pi L}{\lambda}\right.$$

$$\left. + 12 \frac{\pi L}{\lambda} \cos \frac{\pi L}{\lambda} - 12 \sin \frac{\pi L}{\lambda}\right] = \frac{B\lambda^2}{\pi^2} \left[\left(3 \frac{\lambda^2}{\pi^2 L^2} - 1\right) \sin \frac{\pi L}{\lambda} - 3 \frac{\lambda}{\pi L} \cos \frac{\pi L}{\lambda}\right].$$

Diese Formeln vereinfachen sich bedeutend, wenn wir die Wellenlänge λ = der Schiffslänge L setzen. Es wird dann $a = \frac{2BL}{\pi^2}$, $b = \frac{3BL^2}{\pi^3}$ und wir haben (nach Gl. (21) und (22)), wenn wir noch die halbe Wellenhöhe r, wie üblich, $= {}^1\!/_{40} \times$ Wellenlänge $= 2$ m setzen und auch die anderen numerischen Werte einführen,

$$Q = \frac{k^2 r a}{F} = 2{,}62 \cdot 2{,}0 \cdot \frac{2BL}{\pi^2\, {}^2\!/_3 BL} = 1{,}59$$

$$R = \frac{m^2 r b}{Jw} = 2{,}62 \cdot 2{,}0 \cdot \frac{3BL^2}{\pi^3\, {}^1\!/_{30} BL^3} = \frac{15{,}2}{L} = 0{,}19.$$

Zur Bestimmung der Größe $n = \frac{2\pi}{T}$ wollen wir annehmen, daß das Schiff mit einer Geschwindigkeit von 10 Knoten = 5,144 m/sk gegen die Wellen fährt. Nach den bekannten Gesetzen der Wellenbewegung[1]) ist die Periode der Wellen $= 0{,}8 \sqrt{\text{Länge}} = 7{,}15$ sk, die Geschwindigkeit $= 1{,}561 \times$ Periode $= 11{,}16$ m/sk. Es ist daher die relative Geschwindigkeit der Wellen zum Schiff $V_r = 11{,}16 + 5{,}14 = 16{,}30$ m/sk und die relative Periode $T = \frac{\lambda}{V_r} = \frac{80}{16{,}30} = 4{,}9$ sk. Demnach ist $n = \frac{2\pi}{T} = 1{,}28$, $k^2 - n^2 = 0{,}98$.

Zur Berechnung der Koeffizienten w_1 und w_2 aus den Gleichungen (39) und (41) sind alle erforderlichen Größen schon bekannt. Man erhält

$$w_1^2 = 0{,}0260, \quad w_1 = 0{,}161,$$
$$w_2^2 = 0{,}188, \quad w_2 = 0{,}434.$$

Durch Einsetzen sämtlicher gefundenen Werte in die Gleichungen (36a) und (37a) erhält man schließlich, mit $\cos nt'$ bezw. $\sin nt'' = 1$, die Schwingungsamplituden

$$z_0 = \frac{Q}{\sqrt{(k^2-n^2)^2 + w_1^2 n^2}} = 1{,}59 \text{ m},$$

$$\varphi_0 = \frac{Q}{\sqrt{(m^2-n^2)^2 + w_2^2 n^2}} = 0{,}169 = 9^0\, 41'.$$

Würde man nun demgegenüber den Einfluß des Widerstandes auf die erzwungenen Schwingungen gänzlich vernachlässigen, so bekämen wir

[1]) S. Johow, Hülfsbuch für den Schiffbau 1910. S. 429.

$$z_0 = \frac{Q}{k^2 - n^2} = 1{,}62 \text{ m}$$

$$\varphi_0 = \frac{R}{m^2 - n^2} = 0{,}194 \text{ m},$$

entsprechend einer Differenz gegen die vorher erhaltenen Werte von rund 2 vH für die Amplitude der Tauchschwingungen und von rund 13 vH für die der Stampfschwingungen.

Obgleich nun diese Zahlen in anderen Fällen durchaus nicht maßgebend sein werden, geht doch die Tatsache ganz unzweideutig aus ihnen hervor, daß der Einfluß des Widerstandes auf die Größe der Tauchschwingungen ein verhältnismäßig viel geringerer ist als auf die Stampfschwingungen, und daß er auf erstere, wie im vorliegenden Falle, auch absolut so gering sein kann, um eine völlige Vernachlässigung erlaubt erscheinen zu lassen. Jedenfalls wird daher auch ein Irrtum in der Wahl der Größe ψ, wie er bei der Unsicherheit der dabei zu machenden Annahmen sehr leicht denkbar ist, das Resultat nicht wesentlich beeinflussen können. Bei den Stampfschwingungen trifft dies nicht in dem gleichen Maße zu.

Wir werden noch später Gelegenheit haben (S. 50 ff.), den Einfluß des Widerstandes unter verschiedenen Bedingungen besser übersehen zu können, und werden auch dann zu beurteilen in der Lage sein, in welchen Fällen wir uns der Annäherungsformeln

$$z = \frac{Q}{k^2 - n^2} \cos nt \quad \ldots \ldots \ldots \quad (42)$$

und

$$\varphi = \frac{R}{m^2 - n^2} \sin nt \quad \ldots \ldots \ldots \quad (43)$$

zu bedienen berechtigt sind. Hier wollen wir nur noch den Fall untersuchen, bei dem dieser Einfluß des Widerstandes am größten ist. Es ist dies der Fall des Synchronismus der Wellen- und Eigenschwingungen, für den also $T = T_1$ bezw. T_2 und daher auch $n = k$ bezw. m wird. Bei Gelegenheit der Untersuchung der widerstandslosen Schwingungen haben wir schon gesehen, daß für diesen Fall die Amplituden dauernd wachsen und theoretisch unendlich groß werden. Jetzt, nach Einführung des Widerstandes, nehmen für diesen speziellen Fall, mit $(k^2 - n^2)$ bezw. $(m^2 - n^2) = 0$, die Gleichungen (34) und (35) bezw. (34 a) und (35 a) die Form an:

$$z = \frac{Q \sin nt - Q' \cos nt}{w_1 n} \text{ bezw. } \frac{Q}{w_1 n} \sin nt \text{ (mit } Q' = 0) \quad \ldots \quad (44),$$

$$\varphi = \frac{-R \cos nt + R' \sin nt}{w_2 n} \text{ bezw. } \frac{-R}{w_2 n} \cos nt \text{ (mit } R' = 0) \quad \ldots \quad (45).$$

Wir sehen aus Gl. (36) bis (37 a), daß dies nicht genau die Maximalwerte der Amplituden sind. Diese würden vielmehr auftreten, wenn in diesen Gleichungen der Wurzelausdruck des Nenners ein Minimum ist; also mit Bezug auf Gl. (36) und (36 a) für

$$-2(k^2 - n^2)\, 2n + 2 w_1^2 n = 0; \; n^2 = \frac{2k^2 - w_1^2}{2};$$

ebenso mit Bezug auf Gl. (37) und (37 a) für $n^2 = \frac{2m^2 - w_2^2}{2}$.

Wenn also demnach das Maximum der Amplitude auch etwas verschoben erscheint (vergl. auch Fig. 12, S. 50), so liegt es doch immer, namentlich bei den Tauchschwingungen, bei denen w_1^2 sehr klein ist gegenüber k^2, so nahe dem Synchronismus, daß wir es als mit diesem zusammenfallend annehmen können.

Die Formeln (39) und (41) für die Widerstandskoeffizienten nehmen für den Fall des Synchronismus die einfachere Form an:

$$w_1^2 = 0{,}85\, \psi k^2 Q_m \quad \ldots \ldots \ldots \quad (39\,\mathrm{a}),$$

$$w_2^2 = 0{,}85\, \psi \frac{N}{J_w} m^2 R_m \quad \ldots \ldots \ldots \quad (41\,\mathrm{a}).$$

Wie wir sehen, spielen hier die Werte w_1 und w_2 eine sehr große Rolle, und es ist daher vornehmlich aus dem Grunde eine möglichst genaue Bestimmung dieser Größen erwünscht und auf Seite 27 bis 29 versucht worden, um dem Fall des Synchronismus und den ihm nahekommenden Fällen einigermaßen gerecht werden zu können.

In unserem Beispiel würde der Synchronismus eintreten bei $T = T_1 = T_2 = 3{,}88$ sk, d. h. für eine relative Wellengeschwindigkeit $Vr = \frac{L}{T} = \frac{80}{3{,}88} = 20{,}6$ m/sk und eine Schiffsgeschwindigkeit $Vs = 20{,}6 - 11{,}2 = 9{,}4$ m/sk $= 18{,}3$ Knoten gegen die Richtung der Wellen. Es wird für diesen Fall (Gl. (39a) und (41a))

$$w_1^2 = 0{,}85 \cdot 0{,}036 \cdot 2{,}62 \cdot 1{,}59 = 0{,}128;\; w_1 = 0{,}358,$$

$$w_2^2 = 0{,}85 \quad 0{,}036 \cdot 25 \cdot 2{,}62 \cdot 0{,}19 = 0{,}381;\; w_2 = 0{,}617$$

und aus Gl. (44) und (45), mit $n = \frac{2\pi}{T} = 1{,}62$,

$$z_0 = \frac{Q}{w_1 n} = 2{,}74 \text{ m};\; \varphi_0 = \frac{R}{w_2 n} = 0{,}190 = 10^0\, 53'.$$

Verglichen mit den auf Seite 31 errechneten Werten für den zuerst angenommenen Fall ($Vs = 10$ Knoten) zeigen diese neuen Werte eine starke Vergrößerung der Amplitude namentlich bei den Tauchschwingungen.

c) Korrektionen.

Die in diesem Abschnitt zu führende Untersuchung bezweckt, die im vorigen unter Voraussetzung einer Sinoidenform der Welle und eines hydrostatischen Druckes in den Wellenschichten gewonnenen Resultate auf die Trochoidenform anwendbar zu machen und außerdem auch dem hydrodynamischen Druck Rechnung zu tragen.

Die Ergebnisse dieser Untersuchung sind trotz der zum Teil umständlichen Ableitungen so einfacher Natur, daß sie sich ohne weiteres übersehen lassen und sowohl in praktischen Fällen wie in allgemeineren Untersuchungen leicht Berücksichtigung finden können.

1) Einfluß der Trochoidenform.

Die folgende Entwicklung beruht auf derselben Grundlage wie die bisherige, nur können wir sie, wegen ihrer erheblich größeren Kompliziertheit, nicht in derselben allgemeinen Form führen, sondern wir wollen sie wieder an Körpern mit mathematisch bestimmbarer Form vornehmen. Die Ergebnisse sind aber, wie wir sehen werden, so unzweideutig, daß wir sie ohne Bedenken verallgemeinern können.

Von dem Wasserwiderstand können wir wohl ohne weiteres annehmen, daß er bei beiden Wellenformen, unter sonst gleichen Bedingungen, dieselbe Wirkung haben wird. Und da es sich hier nur um eine Vergleichsrechnung handelt, die die lediglich aus der Verschiedenheit der Wellenformen resultierenden Unterschiede ermitteln und keine absoluten Werte geben will, brauchen wir uns also um den Wasserwiderstand gar nicht zu kümmern. Nur müssen wir die bei Vernachlässigung desselben auftretenden Glieder, welche die Eigenschwingungen enthalten, fortlassen.

Dem Vergleich legen wir dieselben geometrischen Formen zugrunde, die uns schon im vorigen Abschnitt als Beispiele gedient haben, nämlich das Parallelepipedon und einen Körper mit parabelförmiger Schwimmlinie. Um die Rechnung nicht übermäßig zu komplizieren, wollen wir uns auf den Fall beschränken, daß die Wellenlänge gleich der Länge des Körpers ist.

Wir haben wieder auf die Grundgleichungen zurückzugehen, welche das Volumen und das Moment der Wellenzone darstellen und nach Früherem (vergl. S. 16/17) sich in der Form schreiben lassen:

$$\mathfrak{v} = zF - \int_{-\frac{L}{2}}^{+\frac{L}{2}} \beta y \, dx; \quad \mathfrak{m} = q \cdot J_w - \int_{-\frac{L}{2}}^{+\frac{L}{2}} \beta y x \, dx.$$

In den beiden von der Wellenform abhängigen Integralen ist nun für y der für die Trochoide abgeleitete und aus Gl. (10)II ersichtliche Wert zu setzen; ferner ist nach Gl. (10)I

$$x = -r \sin 2\pi\left(\frac{u}{\lambda} - \frac{t}{T}\right) + u; \quad dx = -\frac{2\pi r}{\lambda} \cos 2\pi\left(\frac{u}{\lambda} - \frac{t}{T}\right) du + du;$$

so daß also hier jetzt x durch eine andere Variable u ersetzt ist. Bei Integrationen sind deren Grenzen aber dieselben wie für x, wenigstens wenn wir die Länge der Welle gleich der des Körpers voraussetzen, denn für $x = \pm \frac{L}{2}$ hat auch u diesen selben Wert[1]).

Zur Erleichterung der Integrationen machen wir durchweg die Substitution

$$q = 2\pi\left(\frac{u}{L} - \frac{t}{T}\right), \text{ also } u = \frac{L}{2\pi}\left(q + \frac{2\pi t}{T}\right); \quad du = \frac{L}{2\pi} dq.$$

1) Parallelepipedon.

a) Tauchschwingungen.

Für das Parallelepiped ist

$$\int \beta y \, dx = B \int y \, dx = B\left\{-\frac{2\pi r^2}{L}\int \cos^2 2\pi\left(\frac{u}{L} - \frac{t}{T}\right) du + r \int \cos 2\pi\left(\frac{u}{L} - \frac{t}{T}\right) du\right\}$$

$$= B\left\{-\frac{2\pi r^2}{L}\frac{L}{2\pi}\underbrace{\int \cos^2 q \, dq}_{=\pi} + \frac{rL}{2\pi}\underbrace{\int \cos q \, dq}_{=0}\right\} = -\pi r^2 B.$$

Folglich ist

$$\mathfrak{v} = Fz + \pi r^2 B$$

und

$$\frac{d^2 z}{dt^2} = -\gamma \mathfrak{v} \frac{g}{P} = -\frac{gF}{V} z - \frac{g\pi r^2 B}{V} = -k^2 z - K.$$

Diese Gleichung unterscheidet sich von der der Sinoide entsprechenden auf Seite 20 durch die Größe $K - \frac{g\pi r^2 B}{V} = \frac{\pi r^2}{L} k^2$. Dies bedeutet, daß zu der ver-

[1]) Da für sämtliche in disem Abschnitt auftretenden Integrale diese Grenzen gelten, sind sie nicht weiter beigeschrieben. Die in den eckigen Klammern eingeschlossenen Ausdrücke bedeuten die gelösten Integrale vor Einsetzung der Grenzen.

änderlichen Beschleunigung $(-k^2 z)$ eine unveränderliche $-K$ hinzutritt. Die Resultierende $(-k^2 z - K)$ wird $= 0$ für $z = \frac{-K}{k^2} = e$. Setzt man nun $z' = z - e$, so ist $-k^2 z - K = -k^2(z' + e) + k^2 e = k^2 z$, also $\frac{d^2 z}{d t^2} = -k^2 z'$, es ist also auch dies, wie bei der Sinoide, die Gleichung einer einfachen geradlinigen Schwingung, nur daß die Gleichgewichtslage derselben nicht, wie bei der Sinoide, mit der Ruhelage im glatten Wasser übereinstimmt, sondern gegen diese um das Stück e nach unten verschoben ist. Es ist dies dasselbe Stück $e = \frac{\pi r^2}{L}$, um das man bekanntermaßen, um das statische Gleichgewicht des Parallelepipedons in der Trochoidenwelle zu erhalten, dieses tiefer tauchen lassen muß.

Uebrigens handelt es sich bei diesen Schwingungen nur um die anfänglichen Eigenschwingungen, die bald durch den Wasserwiderstand vernichtet sein würden. Erzwungene Schwingungen treten hier ebensowenig auf, wie bei einem in einer Sinoidenwelle von gleicher Länge schwimmenden Parallelepipedon.

β) Stampfschwingungen.

Das hier zu lösende Integral ist, da $\beta = \text{konst} = B$:

$$\int y x\, dx = \int r \cos 2\pi\left(\frac{u}{L} - \frac{t}{T}\right)\left\{-r \sin 2\pi\left(\frac{u}{L} - \frac{t}{T}\right) + u\right\}$$

$$\left\{-r \cos 2\pi\left(\frac{u}{L} - \frac{t}{T}\right)\frac{2\pi}{L}\, du + du\right\}.$$

Dies Integral zerfällt in eine Anzahl von Unterintegralen, die der Reihe nach zu lösen sind:

$$\frac{2\pi r^3}{L}\int \cos^2 2\pi\left(\frac{u}{L} - \frac{t}{T}\right)\sin 2\pi\left(\frac{u}{L} - \frac{t}{T}\right) du = \frac{2\pi r^3}{L}\,\frac{L}{2\pi}\int \cos^2 q \sin q\, dq = r^3\left[-\frac{\cos^3 q}{3}\right] = 0$$

$$-\frac{2\pi r^2}{L}\int \cos^2 2\pi\left(\frac{u}{L} - \frac{t}{T}\right) u\, du = -\frac{2\pi r^2}{L}\left(\frac{L^2}{4\pi^2}\int q \cos^2 q\, dq + \frac{L^2}{4\pi^2}\,\frac{2\pi t}{T}\int \cos^2 dq\, d\right)$$

$$= -\frac{L}{2\pi} r^2\left(\left[{}^1\!/\!_4\, q \sin 2q + {}^1\!/\!_8 \cos 2q + {}^1\!/\!_4\, q^2\right] + \frac{2\pi t}{T}\left[{}^1\!/\!_4 \sin 2q + {}^1\!/\!_2\, q\right]\right)$$

$$= -\frac{L}{2\pi} r^2\left(-\frac{\pi}{2}\sin\frac{4\pi t}{T} - 2\pi^2\frac{t}{T} + \frac{2\pi t}{T}\pi\right) = +\frac{rL}{4}\sin\frac{4\pi t}{T}$$

$$-r^2\int \cos 2\pi\left(\frac{u}{L} - \frac{t}{T}\right)\sin 2\pi\left(\frac{u}{L} - \frac{t}{T}\right) du = -\frac{r^2}{2}\int \sin 2q\, dq = -\frac{r^2}{2}\left[-\frac{\cos 2q}{2}\right] = 0$$

$$r\int \cos 2\pi\left(\frac{u}{L} - \frac{t}{T}\right) u\, du = \frac{rL^2}{4\pi^2}\int q \cos q\, dq + \frac{rL^2}{4\pi^2}\,\frac{2\pi t}{T}\int \cos q\, dq$$

$$= \frac{rL^2}{4\pi^2}\left(\left[q \sin q + \cos q\right] + \frac{2\pi t}{T}\left[\sin q\right]\right)$$

$$= \frac{rL^2}{4\pi^2}\left(2\pi \sin\frac{2\pi t}{T} + 0\right) = \frac{rL^2}{2\pi}\sin\frac{2\pi t}{T}.$$

Es ist dann das Moment der Wellenzone

$$\mathfrak{m} = \varphi J_w - B\left\{+\frac{r^2 L}{4}\sin\frac{4\pi t}{T} + \frac{rL^2}{2\pi}\sin\frac{2\pi t}{T}\right\} = \varphi J_w - \frac{rBL^2}{2\pi}\sin\frac{2\pi t}{T} - \frac{r^2 BL}{4}\sin\frac{4\pi t}{T}$$

und

$$\frac{d^2\varphi}{dt^2} = -\frac{\gamma\mathfrak{m}}{J} = -m^2\varphi + R\sin nt + S\sin 2nt,$$

wobei $R = \frac{\gamma r B L^2}{2\pi J}$, d. h. genau so groß wie vorher bei der Sinoidenwelle (s. S. 20), $S = \frac{\gamma r^2 B L}{4J}$ ist. Das allgemeine Integral dieser Differentialgleichung ist $\varphi = C_1 \sin mt + C_2 \cos mt + A \sin nt + B \sin 2nt$.

Um die Konstanten A und B nach der Methode der unbestimmten Koeffizienten zu bestimmen, bilde

$$\frac{d\varphi}{dt} = m\,(C_1 \cos mt - C_2 \sin mt) + An \cos nt + 2Bn \cos 2nt$$

$$\frac{d^2\varphi}{dt^2} = -m^2\,(C_1 \sin mt + C_2 \cos mt) - An^2 \sin nt - 4Bn^2 \sin 2nt$$

$$= -m^2\,(\varphi - A \sin nt - B \sin 2nt) - An^2 \sin nt - 4Bn^2 \sin 2nt$$

$$= -m^2\,\varphi + A\,(m^2 - n^2) \sin nt - B\,(4n^2 - m^2) \sin 2nt.$$

Aus den beiden Gleichungen für $\frac{d^2\varphi}{dt^2}$ ergibt sich dann durch Gleichsetzung der Koeffizienten von sin nt einerseits und sin $2nt$ andererseits

$$A = \frac{R}{m^2 - n^2}, \quad B = \frac{S}{4n^2 - m^2},$$

und wenn wir die die Eigenschwingungen darstellenden Glieder, die die willkürlichen Konstanten enthalten, fortlassen, wird

$$\varphi = \frac{R}{m^2 - n^2} \sin nt - \frac{S}{4n^2 - m^2} \sin 2nt.$$

Während das erste Glied mit sin nt vollständig mit dem früher auf Grund der Sinoidenwelle für φ gefundenen Ausdruck übereinstimmt, ist hier jetzt das zweite Glied mit sin $2nt$ neu hinzugekommen. Dies bedeutet, daß neben der Hauptschwingung, die dieselbe geblieben ist wie früher, eine Nebenschwingung von der halben Periode der ersteren auftritt. Um das Verhältnis der Amplituden der beiden Schwingungen zu bestimmen, haben wir das Verhältnis $\frac{B}{A} = -\frac{S}{R}\,\frac{m^2 - n^2}{4n^2 - m^2}$ zu bilden. Hierin ist, mit $r = \frac{1}{40} L$, $\frac{S}{R} = \frac{2\pi}{4{,}40} = 0{,}0392$; der Ausdruck $\frac{m^2 - n^2}{4n^2 - m^2}$ ist natürlich sehr verschieden groß je nach dem Wert des Verhältnisses $\frac{m}{n}$ und würde für $n = \frac{m}{2}$ oder $T = 2T_2$ ohne Widerstand sogar theoretisch unendlich groß werden, entsprechend einem Synchronismus der Wellenperiode mit der doppelten Periode der Eigenschwingungen. Dieser Zustand würde natürlich an sich die größten Abweichungen zur Folge haben, aber die Amplituden der Hauptschwingungen, die diesem Zustande entsprechen — ein Zustand, der, wie später genauer zu erläutern[1]), eine sehr geringe Schiffsgeschwindigkeit, beinahe ein ruhendes Schiff voraussetzt —, würden schon so klein sein im Vergleich zu denen, die bei normalen Schiffsgeschwindigkeiten auftreten, daß dieser Fall niemals ein absolutes Maximum der Gesamtschwingungen hervorbringen kann. Andererseits wird da, wo das Hauptglied seine größten Werte erreicht und wo daher allein eine Abweichung von Bedeutung wäre, nämlich wenn m und n nicht viel voneinander verschieden sind, der Ausdruck $\frac{m^2 - n^2}{4n^2 - m^2}$ und dementsprechend das Verhältnis $\frac{B}{A}$ sehr klein. So wird für $\frac{m}{n} = 1{,}25 : B = 0{,}009\,A$; da aber außerdem dieser Höchstwert des zweiten Gliedes noch nicht einmal mit dem des Hauptgliedes zusammenfällt, sondern sin $2nt = 0$ wird für sin $nt = 1$, so sehen wir, daß die durch die Trochoidenform erzeugte Abweichung absolut

[1]) S. in Fig. 12 die Amplitude für den Zustand $\frac{T_2}{T} = 0{,}5$ (V_s rd. 0) im Vergleich zu denen, die bei einem größeren $\frac{T_2}{T}$ und entsprechend höheren V_s auftreten.

nicht im geringsten in Betracht kommt. Dieses Resultat ist so unzweideutig, daß es völlig überflüssig wäre, die Untersuchung, soweit sie die Stampfschwingungen betrifft, noch an dem nächsten Beispiel zu wiederholen, sondern wir können uns dabei auf die Tauchschwingungen beschränken.

2) **Körper mit parabelförmiger Wasserlinie** (vergl. Fig. 7).

Das hier zu lösende Integral ist, da $\beta = B - \frac{4B}{L^2}x^2$ (s. S. 30)

$$\int \beta\, y\, dx = B\int y\, dx - \frac{4B}{L^2}\int x^2\, y\, dx.$$

Hierin ist $B\int y\, dx = -\pi r^2 B$, wie wir beim Parallelepipedon eben schon ermittelt haben,

$$\int x^2 y\, dx = \int r\cos 2\pi\left(\frac{u}{L}-\frac{t}{T}\right)\left\{-r\sin 2\pi\left(\frac{u}{L}-\frac{t}{T}\right)+u\right\}^2\left\{-r\cos 2\pi\left(\frac{u}{L}-\frac{t}{T}\right)\frac{2\pi}{L}du+du\right\}$$

Die zahlreichen hierin enthaltenen Unterintegrale sind einzeln der Reihe nach zu lösen:

$$r^4\frac{2\pi}{L}\int\cos^2 2\pi\left(\frac{u}{L}-\frac{t}{T}\right)\sin^2 2\pi\left(\frac{u}{L}-\frac{t}{T}\right)du = r^4\frac{2\pi}{L}\frac{L}{2\pi}\int\frac{\sin^2 2q}{4}dq = \frac{r^4}{8}[-{}^1/_4\sin 4q+q] = \frac{\pi r^4}{4}$$

$$r^3\int\cos 2\pi\left(\frac{u}{L}-\frac{t}{T}\right)\sin^2 2\pi\left(\frac{u}{L}-\frac{t}{T}\right)du = r^3\frac{L}{2\pi}\int\cos q\sin^2 q\, dq = r^3\frac{L}{2\pi}\left[\frac{\sin 3q}{3}\right] = 0$$

$$2r^3\frac{2\pi}{L}\int\cos^2 2\pi\left(\frac{u}{L}-\frac{t}{T}\right)\sin 2\pi\left(\frac{u}{L}-\frac{t}{T}\right)u\,du = 2r^3\frac{2\pi}{L}\frac{L^2}{4\pi^2}$$

$$\left(\int\cos^2 q\sin q\, q\,dq + \frac{2\pi t}{T}\int\cos^2 q\sin q\, dq\right)$$

$$= \frac{r^3 L}{\pi}\left(\left[-\frac{q\cos^3 q}{3}-\frac{\sin^3 q}{9}+\frac{\sin q}{3}\right]+\frac{2\pi t}{T}\left[-\frac{\cos^3 q}{3}\right]\right) = \frac{r^3 L}{\pi}\left({}^2/_3\,\pi\cos^3\frac{2\pi t}{T}+0\right) = \frac{2r^3 L}{3}\cos^3\frac{2\pi t}{T}$$

$$-2r^2\int\cos 2\pi\left(\frac{u}{L}-\frac{t}{T}\right)\sin 2\pi\left(\frac{u}{L}-\frac{t}{T}\right)u\,du = -2r^2\frac{L^2}{8\pi^2}\left(\int q\sin 2q\,dq+\frac{2\pi t}{T}\int\sin 2q\,dq\right)$$

$$= -\frac{r^2 L^2}{4\pi^2}\left(\left[-\frac{2q\cos 2q+\sin 2q}{4}\right]+\frac{2\pi t}{T}\left[-\frac{\cos 2q}{2}\right]\right) = -\frac{r^2L^2}{4\pi^2}\left(-\pi\cos\frac{4\pi t}{T}+0\right) = +\frac{r^2L^2}{4\pi}\cos\frac{4\pi t}{T}$$

$$-\frac{2\pi r^2}{L}\int\cos^2 2\pi\left(\frac{u}{L}-\frac{t}{T}\right)u^2du = -\frac{2\pi r^2}{L}\frac{L^3}{8\pi^3}$$

$$\left(\int q^2\cos^2 q\,dq+\frac{4\pi t}{T}\int q\cos^2 q\,dq+\frac{4\pi^2 t^2}{T^2}\int\cos^2 q\,dq\right)$$

$$= -\frac{r^2L^2}{4\pi^2}\left(\left[\frac{q^2\sin 2q}{4}+\frac{q\cos 2q}{4}-\frac{\sin 2q}{8}+\frac{q^3}{6}\right]+\frac{4\pi t}{T}\left[\frac{q\sin 2q}{4}+\frac{\cos 2q}{8}+\frac{q^2}{4}\right]+\frac{4\pi^2 t^2}{T^2}\left[\frac{\sin 2q}{4}+\frac{q}{2}\right)\right]$$

$$= -\frac{r^2L^2}{4\pi^2}\left(2\pi^2\frac{t}{T}\sin\frac{4\pi t}{T}+\frac{\pi}{2}\cos\frac{4\pi t}{T}+\frac{\pi^3}{6}+4\pi^3\frac{t^2}{T^2}+\frac{4\pi t}{T}\left\{-\frac{\pi}{2}\sin\frac{4\pi t}{T}-2\pi^2\frac{t}{T}\right\}+\frac{4\pi^2t^2}{T^2}\pi\right)$$

$$= -\frac{r^2L^2}{8\pi}\cos\frac{4\pi t}{T}-\frac{r^2L^2}{24}\pi.$$

$$r\int\cos 2\pi\left(\frac{u}{L}-\frac{t}{T}\right)u^2du = r\frac{L^3}{8\pi^3}\left(\int q^2\cos q\,dq+\frac{4\pi t}{T}\int q\cos q\,dq+\frac{4\pi^2t^2}{T^2}\int\cos q\,dq\right)$$

$$= \frac{rL^3}{8\pi^3}\left([q^2\sin q+2q\cos q-2\sin q]+\frac{4\pi t}{T}[q\sin q+\cos q]+\frac{4\pi^2t^2}{T^2}[\sin q]\right)$$

$$= \frac{rL^3}{8\pi^3}\left(-8\pi^2\frac{t}{T}\sin\frac{2\pi t}{T}-4\pi\cos\frac{2\pi t}{T}+\frac{4\pi t}{T}2\pi\sin\frac{2\pi t}{T}+0\right) = -\frac{rL^3}{2\pi^2}\cos\frac{2\pi t}{T}.$$

Zusammengefaßt ergibt dies:

$$\int x^2 y\,dx = \frac{r^4\pi}{4}-\frac{r^2L^2\pi}{24}-\frac{rL^3}{2\pi^2}\cos\frac{2\pi t}{T}+\frac{r^2L^2}{8\pi}\cos\frac{4\pi t}{T}+\frac{2r^3L}{3}\cos^3\frac{2\pi t}{T},$$

und folglich

$$\mathfrak{v} = Fz - \int \beta\, y\, dx = Fz + \pi r^2 B + \frac{\pi r^4 B}{L^2} - \frac{\pi r^2 B}{6} - \frac{2 r B L}{\pi^2} \cos\frac{2\pi t}{T} + \frac{B r^2}{2\pi} \cos\frac{4\pi t}{T} + \frac{8 r^3 B}{3 L} \cos^3 \frac{2\pi t}{T}$$

endlich, indem wir noch $\cos^3 \frac{2\pi t}{T}$ durch $\frac{\cos\frac{6\pi t}{T}}{4} + \frac{3\cos\frac{2\pi t}{T}}{4}$ ersetzen,

$$\frac{d^2 z}{d t^2} = -\frac{g}{V}\mathfrak{v} = -k^2 z - K + (Q - 3U)\cos nt - S \cos 2nt - U \cos 3nt,$$

worin

$$K = \frac{g \pi r^2 B}{V}\left({}^5/_6 + \frac{r^2}{L^2}\right); \quad Q = \frac{2 g r B L}{\pi^2 V}, \quad S = \frac{g r^2 B}{2\pi V}, \quad U = \frac{2 g r^3 B}{3 V L}.$$

Das allgemeine Integral dieser Differentialgleichung lautet

$$z = C_1 \sin kt + C_2 \cos kt + A + B \cos nt + D \cos 2nt + E \cos 3nt.$$

Bilde

$$\frac{dz}{dt} = k(C_1 \cos kt - C_2 \sin kt) - Bn \sin nt - 2Dn \sin 2nt - 3En \sin 3nt,$$

$$\begin{aligned}\frac{d^2 z}{dt^2} &= -k^2(C_1 \sin kt + C_2 \cos kt) - Bn^2 \cos nt - 4Dn^2 \cos 2nt - 9En^2 \cos 3nt,\\ &= -k^2(z - A - B\cos nt - D\cos 2nt - E\cos 3nt) - Bn^2\cos nt - 4Dn^2\cos 2nt\\ &\qquad - 9En^2 \cos 3nt,\\ &= -k^2 z + Ak^2 + B(k^2 - n^2)\cos nt + D(k^2 - 4n^2)\cos 2nt + E(k^2 - 9n^2)\cos 3nt.\end{aligned}$$

Durch Gleichsetzung der Koeffizienten der entsprechenden Glieder in den beiden Gleichungen für $\frac{d^2 z}{dt^2}$ erhält man:

$$A = -\frac{K}{k^2}; \quad B = \frac{Q - 3U}{k^2 - n^2}; \quad D = -\frac{S}{k^2 - 4n^2} = +\frac{S}{4n^2 - k^2}; \quad E = -\frac{U}{k^2 - 9n^2} = \frac{U}{9n^2 - k^2},$$

folglich, unter Weglassung der die Eigenschwingungen darstellenden Glieder

$$z = -\frac{K}{k^2} + \frac{Q - 3U}{k^2 - n^2}\cos nt + \frac{S}{4n^2 - k^2}\cos 2nt + \frac{U}{9n^2 - k^2}\cos 3nt \quad . \quad . \quad (46).$$

In der durch das Glied mit $\cos nt$ dargestelltsn Hauptschwingung ist die Konstante Q genau dieselbe geblieben, wie wir sie früher auf S. 31 auf Grund der Sinoidenwelle erhalten hatten[1]). Man sieht hier nun wieder Nebenschwingungen auftreten, deren Periode die Hälfte bezw. ein Drittel der Periode der Hauptschwingung beträgt. Setzen wir die Konstanten S und U der Nebenschwingungen in Verhältnis zu Q, so erhalten wir auf Grund ihrer auf der vorigen Seite angegebenen Werte und mit $r = {}^1/_{40}\, L$:

$$\frac{S}{Q} = \frac{\pi}{160} \infty 0{,}02; \quad \frac{U}{Q} = \frac{\pi^2}{4800} \infty 0{,}002.$$

Darüber, welches Verhältnis $\frac{k}{n}$ dem Vergleich zu Grunde zu legen ist, gelten dieselben Bemerkungen, die wir unter (1β), Seite 36, bei den Stampfschwingungen des Parallelepipeds gemacht hatten. Hier kommt noch der Fall eines dritten Schwingungssynchronismus, für $n = \frac{k}{3}$, d. h. $T = 3\,T_1$, hinzu, der aber für ein absolutes Maximum der Amplitude offenbar noch viel weniger in Betracht kommt als der Fall $T = 2\,T_1$.

---

[1]) Schreiben wir dort Q in der Form $\frac{g r a}{V}$ (Gl. (21)), so haben wir $Q = \frac{2 g r B L}{\pi^2 V}$, also genau wie hier.

Nehmen wir daher wieder $\frac{k}{n} = 1{,}25$ an, so ist, im Verhältnis zu $\frac{Q}{k^2 - n^2}$, der Amplitude bei Zugrundelegung der Sinoidenwelle:

die Amplitude der Hauptschwingung $B = 0{,}9940 \frac{Q}{k^2 - n^2}$

» » » ersten Nebenschwingung $D = 0{,}0046$ »

» » » zweiten » $E = 0{,}0002$ »

Wären wir bei dieser Rechnung von einer anderen statt der Parabelform der Wasserlinie ausgegangen, so könnte das an dem Charakter der Gl. (46) augenscheinlich nichts ändern. Es könnten noch weitere Nebenschwingungen auftreten, deren Amplituden würden aber, entsprechend der jedesmal höheren Potenz des dabei vorwiegend maßgebenden Verhältnisses $\frac{r}{L} = {}^1/_{40}$, immer weniger in Betracht kommen. Es würden sich auch die Verhältnisse $\frac{S}{Q}, \frac{U}{Q}, \ldots$ in gewissen Grenzen ändern, aber das alles kann das unzweideutig aus den angeführten Zahlen hervorgehende Resultat nicht beeinflussen, daß auch hier, ebenso wie wir es schon für die Stampfschwingungen festgestellt haben, die Abweichungen gegen die von der Sinoidenwelle erzeugten Schwingungsamplituden verschwindend klein sind und nicht die geringste Berücksichtigung verdienen.

Dagegen verlangt die durch das absolute Glied $A = -\frac{K}{k^2}$ dargestellte Verschiebung der Gleichgewichtslage der Schwingungen Beachtung, denn eine Vernachlässigung dieses Gliedes würde eine merklich falsche Lage des Schiffes in der Welle zur Folge haben. Wie groß ist dieses Glied? Wir haben seinen speziellen Wert für die Parabelform abgeleitet, doch wäre es erwünscht, eine Verallgemeinerung zu finden. Es liegt nun nahe, dieses Glied mit der Abweichung der mittleren statischen Gleichgewichtslage zu vergleichen, welche ein in einer Trochoidenwelle schwimmendes Schiff bekanntermaßen regelmäßig gegenüber der Gleichgewichtslage im glatten Wasser erleidet. Diese Abweichung läßt sich mit Hülfe der Gl. (46) leicht berechnen, indem wir z. B. die statischen Gleichgewichtslagen im Wellenberg und Wellental feststellen, wodurch uns dann auch die Mittellage gegeben ist.

Für den Fall des statischen Gleichgewichts ist die relative Geschwindigkeit der Wellen zum Schiff $= 0$, daher die relative Periode $T = \infty$ und der Wert $n = \frac{2\pi}{T} = 0$ zu setzen. Damit geht Gl. (46) über in

$$z_{st} = -\frac{K}{k^2} + \frac{Q - 3U}{k^2} \cos nt - \frac{S}{k^2} \cos 2nt - \frac{U}{k^2} \cos 3nt.$$

Für die Lage im Wellenberg wird mit $t = 0$

$$z_{st}' = \frac{-K + (Q - 3U) - S - U}{k^2} = \frac{-(K + S) + (Q - 4U)}{k^2} = e + d,$$

für die Lage im Wellental mit $t = \frac{T}{2}$ (Fig. 8)

$$z_{st}'' = \frac{-K - (Q - 3U) - S + U}{k^2} = \frac{-(K + S) - (Q - 4U)}{k^2} = e - d$$

und hieraus ergibt sich die gesuchte Größe

$$e = \frac{z_{st}' + z_{st}''}{2} = -\frac{K + S}{k}, \quad d = \frac{z_{st}' - z_{st}''}{2} = \frac{Q - 4U}{k^2}.$$

Vergleichen wir jetzt das Maß e mit dem absoluten Gliede $A = -\frac{K}{k^2}$ der Gl. (46), so sehen wir, daß es sich von diesem durch das Glied $\frac{S}{k^2}$ unterscheidet. Doch wenn wir die auf S. 38 aus der Parabelform abgeleiteten Konstanten S und K zueinander in Verhältnis setzen, so finden wir ein $\frac{S}{K} = \frac{0{,}6}{\pi^2} = 0{,}061$ und

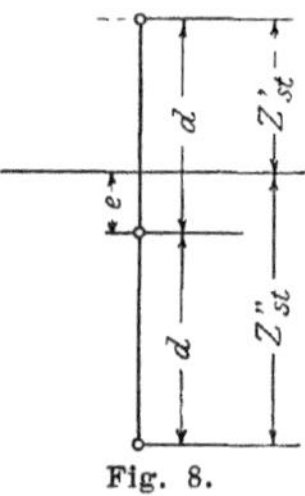

Fig. 8.

wir brauchen uns daher um die im Vergleich zu K sehr kleine Größe S um so weniger zu kümmern, als K schon selbst im Verhältnis zu dem Maximalschwingungsausschlag immer verhältnismäßig klein ist. Es fällt daher mit genügender Genauigkeit die Schwingungsnullage mit der mittleren statischen Gleichgewichtslage zusammen und ist leicht durch Konstruktion der beiden Gleichgewichtslagen im Wellenberg und Wellental zu erhalten. Denn wir können auch dieses Resultat ohne Bedenken verallgemeinern, da der einzige Wert, der bei dieser Ableitung der Parabelform entnommen ist, nämlich das Verhältnis $\frac{S}{K}$, sich bei Zugrundelegung einer anderen Form jedenfalls nur in geringem Maße ändern könnte.

Uebrigens setzen wir, wenn wir uns der Readschen Kurve für z_{st} zur Ableitung der Schwingungsgleichung mit Hülfe der erwähnten Annäherungsformel bedienen (S. 21, Fig. 5), schon stillschweigend dieses Resultat voraus. Denn diese Kurve zeigt bei Zugrundelegung der Trochoidenwelle natürlich auch regelmäßig eine Verschiebung der Mittellage ($m-m$) von der statischen Gleichgewichtslage im glatten Wasser ($w-w$) aus nach unten, und auf diese Mittellage ($m-m$) sind nicht nur die Ordinaten der statischen Kurve, sondern auch die der Schwingungen selbst bezogen.

Zusammenfassend können wir sagen, daß sich der Fall der Trochoidenwelle jederzeit leicht auf den der Sinoidenwelle zurückführen läßt, indem wir nur eine Verschiebung der Nullage der Tauchschwingungen um ein leicht auf graphische Weise zu findendes Maß vorzunehmen brauchen, während die Amplituden sowohl der Tauch- wie der Stampfschwingungen praktisch vollständig mit den von der Sinoidenwelle erzeugten übereinstimmen.

2) Einfluß des hydrodynamischen Druckes in den Wellenschichten.

Bei diesem Punkt will ich mich darauf beschränken, eine einfache Korrektion anzugeben, die sich nicht auf strengen Beweis stützt, aber dem Augenschein nach eine genügend genaue Annäherung gewährleistet.

Wir wissen, daß in der Welle die Flächen gleichen Druckes nicht äquidistant mit der Wellenoberfläche laufen, sondern sich allmählich nach unten zu verflachen. Die Druckzunahme erfolgt dementsprechend im Wellental schneller als im Wellenberg und es ist daher die Tatsache, auf die der Engländer Smith in seiner in der Einleitung erwähnten Schrift (s. S. 5/6) aufmerksam gemacht hat, leicht einzusehen, daß nämlich diese Druckverteilung gegenüber der bei den üblichen praktischen Rechnungen vorausgesetzten hydrostatischen eine Verminderung der Biegungsmomente, sowohl für die Lage des Schiffes im Wellental wie im Wellenberg zur Folge hat. Dasselbe Resultat würden wir offenbar erreichen, wenn wir uns das Schiff in einer Welle mit hydrostatischer Druckverteilung, aber geringerer Höhe schwimmend dächten, und es liegt daher nahe, die richtige Welle durch eine solche angenäherte zu ersetzen.

Es fragt sich, in welchem Maße wir die Wellenhöhe zu diesem Zwecke zu reduzieren haben. Denken wir uns einen Körper mit der Wasserlinienfläche F, vollständig senkrechten Wänden und horizontalem Boden, Fig. 9, so wirkt im glatten Wasser der Auftrieb $\gamma H F = p_H F$, d. h. der Druck p_H in der Wasser-

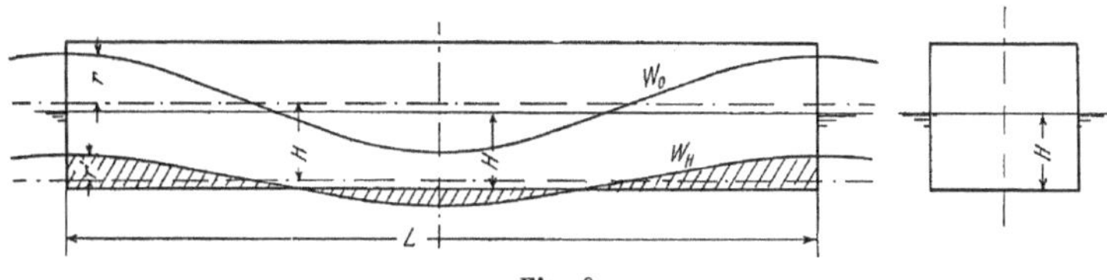

Fig. 9.

schicht, die in Höhe des flachen Bodens liegt, ist allein für den Auftrieb maßgebend. Beim Uebergang in Wellenform nimmt nun die Wasseroberfläche das Profil W_0, entsprechend einer halben Wellenhöhe r und die in der Tiefe H gelegene Schicht das Profil W_H entsprechend r' an, welches zugleich die Fläche gleichen Drucks p_H darstellt. Machen wir nun die kaum von der Wirklichkeit abweichende Annahme, daß in der schraffierten, zwischen der Ebene des Schiffsbodens und der Kurve W_H liegenden Zone die Druckveränderung nach hydrostatischem Gesetz erfolgt — denn in einer so schmalen Zone macht sich ein Unterschied der hydrodynamischen und hydrostatischen Druckverteilung kaum fühlbar —, so erkennen wir, daß das Profil W_H, der gewöhnlichen hydrostatischen Berechnung zugrunde gelegt, und nicht das Profil W_0, im Mittel[1]) eine richtige Verteilung des Auftriebes des in der Welle schwimmenden Körpers hervorbringen und daher eine solche Welle in ihren Wirkungen die ursprüngliche Welle in jeder Beziehung ersetzen wird.

Wir haben also einfach statt der halben Wellenhöhe r den Wert r' einzuführen. Das Gesetz, nach welchem die Abnahme der Wellenhöhe mit der Tiefe der Wasserschicht stattfindet, lautet[2]):

$r' = r e^{-\frac{2\pi h}{\lambda}}$, wo h die Tiefe der betreffenden Wasserschicht unter der Oberfläche bedeutet, für unseren Fall ist also $h = H =$ dem Tiefgang des Körpers zu setzen. Da nun bei einem richtigen Schiff der Boden nicht flach ist, so werden wir die beste Annäherung erreichen, wenn wir uns unter Beibehaltung von Form und Größe der Wasserlinie, die Schiffsform unter Wasser in eine solche mit senkrechten Wänden und flachem Boden übergeführt denken, so daß das richtige Deplacement darin enthalten ist. Wir haben dann den daraus sich ergebenden mittleren Tiefgang $H' = \frac{V}{F}$ in obige Formel an Stelle von h einzusetzen und erhalten so

$$r' = r e^{-\frac{2\pi H'}{\lambda}} \quad \ldots\ldots\ldots\ldots \quad (47).$$

[1]) Infolge der nach den Enden zugeschärften Form der Wasserlinie taucht bei der Lage im Wellental der Körper tiefer ein, wie es auch in Fig. 9 gezeichnet ist, es wäre daher hierfür ein der tieferen Schicht, aber umgekehrt bei der Lage im Wellenberg das einer höheren Schicht entsprechende Profil zu wählen; es bildet daher das Profil W_H das richtige Mittel.

[2]) Johow, Hülfsbuch für den Schiffsbau 1910, S. 430.

Man sieht aus dieser Formel, daß die erforderliche Reduktinn der Wellenhöhe und allgemein der Einfluß der hydrodynamischen Druckverteilung um so beträchtlicher ist, je größer der mittlere Tiefgang oder richtiger, je größer das Verhältnis des mittleren Tiefgangs zur Länge des Körpers ist, letztere dabei gleich Wellenlänge vorausgesetzt. Auf diese allgemeine Tatsache hat auch Smith sofort schon selbst hingewiesen, ohne freilich eine Formel dafür zu geben.

Diese durch Gl. (47) gegebene Aenderung der Wellenhöhe ist nun auch für unsere Untersuchung der durch die Wellenbewegung hervorgerufenen Schwingungen die einzige Korrektur, die wir mit Rücksicht auf den hydrodynamischen Wasserdruck zu machen haben, und wir haben also durchweg den Wert r' in in unsere Formeln für Q, R . . usw. einzuführen. Da diese Größen direkt proportional der Wellenhöhe sind (Gl. (21) und (22)), so sind sie also auch in demselben Verhältnis wie diese zu reduzieren, und nach Gl. (36a) und (37a) überträgt sich diese Reduktion, die unter Umständen, bei einem hohen $\frac{H'}{L}$, einen recht hohen Betrag, bis zu 30—40 vH aufweisen kann, auch unmittelbar auf die Amplituden der Schwingungen.

Uebrigens geben uns auch die Readschen Kurven ein Mittel, um die erforderliche Reduktion der Wellenhöhe festzustellen; wir brauchen sie nur unter Voraussetzung des wirklichen, in den Wellenschichten herrschenden hydrodynamischen Druckes zu konstruieren, oder vielmehr es genügt, zwei Lagen, am besten die im Wellenberg und Wellental zu ermitteln. Es sei im Wellenberg der Ausschlag nach oben α_1, im Wellenberg der nach unten α_2, so entspricht, wie wir gesehen haben (S. 22), die Größe $\alpha = \frac{\alpha_1 + \alpha_2}{2}$ unserem $\frac{r\,\alpha}{F}$, bez. jetzt $\frac{r'\,\alpha}{F}$ und wir haben unmittelbar in $Q = k^2\,\alpha$, $R = m^2\,\beta$ usw. die schon mit Rücksicht auf den Einfluß des hydrodynamischen Druckes korrigierten Konstanten. Diese Methode ist natürlich etwas mühsamer, da die genaue Feststellung der Lage eines Schiffes in einer die richtige Druckverteilung aufweisenden Welle immer viel Zeit in Anspruch nimmt; wir haben aber den Vorteil dabei, in $\frac{\alpha_1 - \alpha_2}{2}$ eine etwaige Verschiebung der Mittellage der statischen Ausschläge gegen die Gleichgewichtslage im glatten Wasser feststellen zu können, die, wenn auch zur Hauptsache eine Folge der Trochoidenform, doch auch zum Teil durch die hydrodynamische Druckverteilung hervorgerufen sein kann und die mit der für die Schwingungsnullage geltenden Verschiebung als identisch anzusehen wäre.

Im Anhang sind, um die Anwendbarkeit der empirischen Formel (47) zu prüfen, für ein praktisches Beispiel die Readschen Kurven sowohl unter Zugrundelegung der ursprünglichen Welle mit richtiger Druckverteilung, als auch der nach Formel (47) angenäherten Welle mit reduzierter Höhe und hydrostatischer Druckverteilung konstruiert. Es zeigt sich in der Tat eine sehr gute Uebereinstimmung, trotzdem gerade in diesem Beispiel die Schiffsform von der ursprünglich gemachten Annahme senkrechter Wände und eines flachen Bodens ganz außerordentlich stark abweicht.

II) Graphisches Verfahren zur Ermittlung der Schwingungen.

Es können Fälle eintreten, in denen die in den vorhergehenden Abschnitten entwickelte analytische Methode zur Ermittlung der Schwingungen nicht, oder doch nur unter sehr großen Umständen zum Ziel führt und man daher auf ein graphisches Verfahren angewiesen ist. Selbstverständlich treffen für solche Fälle allgemeine Folgerungen, die wir der analytischen Methode entnehmen können, auch nur in beschränktem Maße zu. Während ich mir nun diese allgemeinen und für alle normalen Fälle zutreffenden Folgerungen zu ziehen zur Hauptaufgabe gemacht hatte, erschien es mir doch angebracht, einen solchen schwierigeren Fall, der sich nicht in so einfacher Weise wie die meisten anderen übersehen läßt, an einem praktischen Beispiel im Anhang zu behandeln und die für das dabei angewandte graphische Verfahren zu machenden Erklärungen hier vorauszuschicken.

Die Fälle, die eine derartige Ausnahmebehandlung erfordern, sind solche, bei denen die auf S. 14/15 unter 1) genannte Bedingung, die wir zur analytischen Behandlung nötig haben, nämlich die vertikaler Schiffswände im Bereich der Wellenzone, von der Wirklichkeit in zu starkem Maße abweicht. Das wird vor allem dann eintreten, wenn das Schiff im Verhältnis zu seiner Länge sehr flach ist. Da wir nämlich bekanntlich immer ein konstantes Verhältnis von Wellenhöhe zu Wellenlänge und damit, wenigstens für alle praktischen Rechnungen, auch zu Schiffslänge voraussetzen, so ist dann auch das Verhältnis Tiefgang zu Wellenhöhe ein relativ niedriges und es folgt daraus, daß in stärkerem Maße als sonst im allgemeinen die den Kimm- und Bodenschichten angehörenden und daher natürlich sehr unregelmäßigen Partien der Unterwasserform in den Bereich der Wellenzone geraten, daß die Enden ganz und gar austauchen oder von den Wellen bedeckt werden. Kommt noch hinzu, daß das Schiff eine große Geschwindigkeit besitzt und daher die Schwingungen bei Fahrt gegen die Wellen sehr groß werden, so treten diese Erscheinungen und die Ungenauigkeiten, die sie für eine analytische Rechnung zur Folge haben, in ganz schroffer Weise auf. In diesem Sinne ist der Typ, den ich für das praktische Beispiel im Anhang gewählt habe, nämlich ein Torpedoboot, ein ganz extremer Fall. Das Verhältnis $\frac{H}{L}$ ist $= \frac{2{,}15}{64} \infty \, ^1/_{30}$, noch dazu ist das Hauptspant sehr scharf, so daß man noch nicht einmal für dieses den in der Wellenzone liegenden Teil als senkrecht ansehen kann. Die Geschwindigkeit, 28 Knoten, ist für das Beispiel zu 22 Knoten angenommen und schon hierbei taucht das Vorschiff sehr stark aus oder gerät vollständig unter Wasser. Es kommt hier noch hinzu, daß bei dem zugrunde gelegten Torpedobootstyp die Wasserlinie hinten recht voll und daher der Schwerpunkt der Wasserlinie außergewöhnlich stark (3,2 vH der Länge) nach hinten gezogen ist, so daß wir auch Bedingung 3) (S. 15), wonach derselbe in der Hauptspantebene liegen soll, nicht mehr als zutrefiend ansehen können. Es stellt daher ein solches Torpedoboot in der Tat einen Typ dar, bei dem jede analytische Methode versagen muß.

Indem ich jetzt zur Erläuterung des für einen solchen Fall anzuwendenden graphischen Verfahrens übergehe, möchte ich vorausschicken, daß schon Read ein solches, wenigstens zur Ermittlung der Tauchschwingungen, in seiner schon mehrfach erwähnten Schrift angegeben hat. Er ergänzt seine auf S. 21 wiedergegebene Differentialgleichung durch ein Glied $\gamma\, w_1\, F \left(\frac{dz}{dt}\right)^2$, das den Wasserwiderstand bezeichnet und erhält dadurch, unter Einführung der von mir durchweg angewandten Bezeichnungen eine Gleichung der Form

$$\frac{d^2 z}{dt^2} = k^2 \left[z_{st} - z \pm w_1 \left(\frac{dz}{dt}\right)^2 \right],$$

wobei es hier, zum Zwecke einer graphischen Integration, natürlich keinen Sinn mehr hat, den Wert für z_{st} aus der an derselben Stelle genannten Annäherungsgleichung zu ermitteln, sondern dieser der ursprünglichen, auf Grund der Linien konstruierten Kurve, Fig. 5, entnommen ist; deren Konstruktion wäre also auch für dies graphische Verfahren erforderlich. Für die Stampfschwingungen ergäbe sich die analoge Gleichung

$$\frac{d^2\varphi}{dt^2} = m^2\left[\varphi_{st} - \varphi \pm w_2\left(\frac{d\varphi}{dt}\right)^2\right]$$

und ihrer Lösung hätte die Konstruktion der statischen Kurve für φ_{st} vorauszugehen.

Die Faktoren $k^2 = \frac{gF}{V}$ und $m^2 = \frac{\gamma J_w}{J}$ sind hierbei mit F bezw. J_w veränderlich. Aus Fig. 10, in der das Schiff vollständig ruhend gedacht, also auch seine Vertikal- und Drehbewegung auf die Welle übertragen ist, geht durch Vergleich der momentanen dynamischen Lage der Welle (WW) mit der entsprechenden statischen (WW_{st}) hervor, daß für F der Wert $\frac{\mathfrak{v}}{z - z_{st}}$ und für J_w der

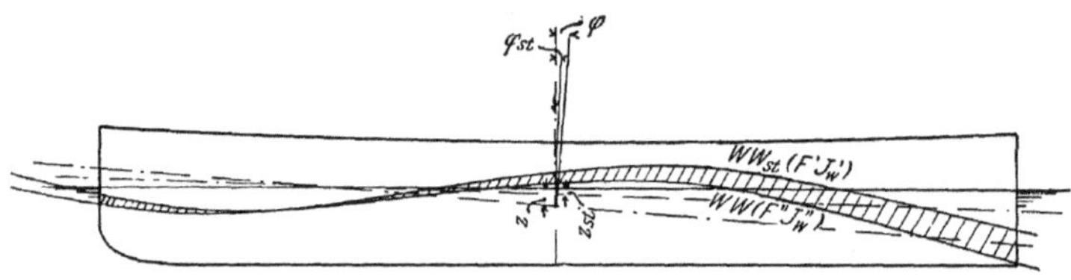

Fig. 10.

Wert $\frac{\mathfrak{m}}{\varphi - \varphi_{st}}$ zu setzen sind, wenn $\mathfrak{v}$ das zwischen den beiden Wellenkonturen liegende, schraffiert hervorgehobene Volumen und $\mathfrak{m}$ dessen Moment bezogen auf Mitte Schiff bedeutet; einer genauen Berechnung von F und J_w hätte also die von $\mathfrak{v}$ und $\mathfrak{m}$ vorauszugehen. Bei normalen Verhältnissen wird es nun zwar zulässig sein, $F = \int \beta\, dx$ und $J_w = \int \beta x^2 dx$ als die arithmetischen Mittel der Größen F' und F'' bezw. J_w' und J_w'' zu betrachten, wenn in letzteren Größen die Breitenordinaten (β' und β'') den nach den Wellenkonturen WW_{st} und WW gekrümmten Wasserlinien (Wellenwasserlinien) entnommen sind, und damit die ganze umständliche Berechnung von $\mathfrak{v}$ und $\mathfrak{m}$ zu vermeiden. Diese ist jedoch bei stark unregelmäßigen[1]) Formen des Schiffskörpers, welche ja allein eine graphische Integration nötig machen, nicht gut zu umgehen.

Nun stellen aber $\mathfrak{v}$ und $\mathfrak{m}$ nicht nur Volumen und Moment der schraffierten zwischen den beiden Wellenkonturen, sondern auch der zwischen der normalen Wasserlinie WL und der Wellenwasserlinie WW liegenden Zone dar, die wir ja bisher schon immer als Wellenzone bezeichnet hatten. Denn z_{st} und φ_{st} sind ja so bestimmt, daß das zwischen WL und WW_{st} liegende Volumen sowie dessen Moment $= 0$ sind. Wir haben also zur Berechnung von $\mathfrak{v}$ und $\mathfrak{m}$ die doch immerhin recht umständliche Konstruktion der Readschen Kurven für z_{st} und φ_{st} gar nicht nötig und damit verliert das von Read angegebene bezw. im Anschluß an seine Methode entwickelte Verfahren für die Lösung solcher extremen Fälle seinen Wert. Wir werden daher nun das Verfahren zweckmäßig in folgender Weise gestalten:

Berechne $\mathfrak{v}$ und $\mathfrak{m}$ als das Volumen und Moment der zwischen WL und WW liegenden Zone, so ist nach Früherem

[1]) Unregelmäßig oder extrem hier immer in dem auf S. 43 beschriebenen Sinne.

$$\frac{d^2z}{dt^2}=\frac{-\gamma\mathfrak{v}\pm W}{M};\ \frac{d^2\varphi}{dt^2}=\frac{-\gamma\mathfrak{m}\pm M_w}{J}.$$

Für den Wasserwiderstand W und dessen Moment M_w die auf S. 26 bezw. 29 ersichtlichen Werte eingesetzt, ergibt

$$\frac{d^2z}{dt^2}=\frac{g}{V}\left[-\mathfrak{v}\pm\psi F\left(\frac{dz}{dt}\right)^2\right]^{1)};\ \frac{d^2\varphi}{dt^2}=\frac{\gamma}{J}\left[-\mathfrak{m}\pm\psi N\left(\frac{d\varphi}{dt}\right)^2\right]^{1)}.$$

In $F=\int\beta\,dx$ und $N=\int\beta\,x^3dx$ sind für β die für die Wellenwasserlinie WW geltenden Ordinaten einzusetzen. Berechne für WW aber zugleich auch das Moment $S=\int\beta\,x\,dx$ und das Trägheitsmoment $J_w=\int\beta\,x^2\,dx$, beide bezogen auf Mitte Schiff, weil wir auch diese Werte gleich noch brauchen werden.

Auf Grund dieser beiden Gleichungen für $\frac{d^2z}{dt^2}$ und $\frac{d^2\varphi}{dt^2}$, die insofern nicht unabhängig voneinander sind, als die Größen $\mathfrak{v}$, $\mathfrak{m}$ wie auch F und N sowohl mit z wie mit φ veränderlich sind, ist nun, indem wir kleine, aber endliche Größen an Stelle der unendlich kleinen setzen, die graphische Integration ohne weiteres in der bekannten Weise durchzuführen, deren Einzelheiten aus den im Anhang enthaltenen Rechnungen zu ersehen sind. Aus dem eben erwähnten Grunde sind die Kurven für z und φ gleichzeitig zu entwickeln und zu gegenseitiger Weiterbildung zu benutzen. Das Verfahren ist notwendigerweise ziemlich umständlich, weil für jedes Zeitteilchen Δt, um das momentane Volumen $\mathfrak{v}$ und dessen Moment $\mathfrak{m}$, sowie die Größen F, S, J_w und N zu ermitteln, jedesmal zunächst eine Verschiebung des Schiffes gegenüber der Welle vorzunehmen ist. Prinzipiell läßt sich hierbei nichts weiter vereinfachen, doch werden wir auf folgende Weise wenigstens möglichst schnell zum Ziele kommen:

Wir haben die graphische Integration offenbar soweit zu führen, bis die Eigenschwingungen durch die Wirkung des Wasserwiderstandes vernichtet und nur die erzwungenen Schwingungen übrig geblieben sind. Die anfänglichen Eigenschwingungen werden nun um so schwächer sein und um so schneller zur Austilgung gelangen, je näher der Anfangszustand des Schiffes, den wir ja willkürlich wählen können, mit dem Zustand übereinstimmt, den es für $t=0$ unter alleiniger Wirkung der erzwungenen Schwingungen haben würde. Da kann uns nun unsere bisherige analytische Methode dazu dienen, diesen Zustand wenigstens annähernd zu bestimmen, indem wir dabei natürlich nun wieder alle die beschriebenen vereinfachenden Annahmen machen. Es ist das, wie aus dem Beispiel des Anhanges ersichtlich, eine ganz kurze und einfache Rechnung, die uns das graphische Verfahren aber wesentlich abkürzen hilft. Gehen wir also von den auf Grund der analytischen Rechnung ermittelten Anfangsbedingungen für z, v, φ und ω aus, so werden wir bei Durchführung der graphischen Integration schon nach Verlauf einer einzigen Wellenperiode T wenn nicht zu demselben Zustand, so doch zu einem solchen zurückgelangen, der nicht sehr weit vom Anfangszustand entfernt ist Hatten wir nun im Anfangszustand für $t=0$ die Schwingungsausschläge z_0 und φ_0, das Volumen $\mathfrak{v}_0$ und dessen Moment $\mathfrak{m}_0$, und jetzt für $t=T$ die entsprechenden Größen z_0', φ_0' $\mathfrak{v}_0'$ und $\mathfrak{m}_0'$, so werden die Verschiebungen $\Delta z_0=z_0'-z_0$ und $\Delta\varphi_0=\varphi_0'-\varphi_0$ immer klein genug sein, um im Bereich derselben eine annähernd gleiche Form der Wellenwasserlinie voraussetzen zu können. Es ist dann, wie leicht ersichtlich, der Zuwachs des Volumens

[1]) Genauere Fassung dieser beiden Gleichungen s. Anhang S. 112.

$$\Delta \mathfrak{v}_0 = F \Delta z_0 + S \Delta \varphi_0 \,^{1})$$

und der Zuwachs des Moments

$$\Delta \mathfrak{m}_0 = J_w \Delta \varphi_0 + S \Delta z_0 \,^{1}),$$

und es sind die für $t = T$ geltenden Größen

$$\mathfrak{v}_0' = \mathfrak{v}_0 + \Delta \mathfrak{v}_0 = \mathfrak{v}_0 + F \Delta z_0 + S \Delta \varphi_0$$

und

$$\mathfrak{m}_0' = \mathfrak{m}_0 + \Delta \mathfrak{m}_0 = \mathfrak{m}_0 + J_w \Delta \varphi_0 + S \Delta z_0$$

nunmehr lediglich auf Grund der für $t = 0$ schon berechneten Größen mit genügender Genauigkeit zu ermitteln.

Ebenso brauchen wir für sämtliche[2]) anderen Zeitpunkte der zweiten und folgenden Wellenperioden die bisherigen umständlichen Rechnungen nun nicht mehr zu wiederholen, sondern wir haben nur auf die für die entsprechenden Zeitpunkte der ersten Periode schon ermittelten Größen zurückzugehen. So wird dieses Verfahren, nachdem wir einmal die erste Wellenperiode hinter uns haben, immer sehr schnell zum Ziele führen; wir können aufhören, sobald wir zu einer genügenden Uebereinstimmung zweier aufeinander folgender Schwingungen gelangt sind; dies wird schon am Ende der dritten Periode sicher immer der Fall sein.

Die Kurven, die wir auf diese Weise in dem praktischen Beispiel für die Schwingungen des Torpedobootes erhalten, zeigen eine beträchtliche Abweichung von der Sinoidenform, woraus die Unmöglichkeit hervorgeht, in solchem Falle durch das analytische Verfahren, das ja immer zu einem sinoidenförmigen Verlauf der Schwingungen führt, eine genügende Genauigkeit zu erreichen. Ich habe dasselbe Beispiel dazu benutzt, um die von Kriloff angegebene Korrektionsmethode daran durchzuführen. Wir sehen durch Vergleich der unkorrigierten, auf Grund der reinen analytischen Rechnung gefundenen mit den korrigierten Kurven die deutliche Tendenz der letzteren, sich den durch die graphische Integration erhaltenen zu nähern, und durch wiederholte Anwendung desselben Korrektionsverfahrens würde man auch eine für praktische Zwecke genügende Uebereinstimmung erzielen können. Nur wird auf diese Weise das analytische Verfahren in Verbindung mit den wiederholten Korrektionen mindestens ebenso umständlich wie das graphische, ohne dessen Genauigkeit zu erreichen; letzteres ist daher in derartigen Fällen unbedingt vorzuziehen.

Erwähnt sei noch:

1) Beim graphischen Verfahren kommt als Wellenform natürlich nur die Trochoide in Betracht, da die Sinoide hier an Einfachheit nichts voraus hätte. Die Abweichung des hydrodynamischen Druckes in den Wellenschichten von dem hydrostatischen läßt sich auch hier einfach auf die im vorhergehenden Abschnitt (S. 40 bis 42) beschriebene Weise berücksichtigen, indem wir statt der ursprünglichen eine angenäherte Welle mit nach Formel (47) reduzierter Wellen-

---

[1]) Die ersten Glieder $F \Delta z_0$ und $J_w \Delta \varphi_0$ sind selbstverständlich. Eine Drehung um $\Delta \varphi_0$ bringt nun aber außerdem eine Volumenänderung hervor von $\int x \Delta \varphi_0 \, dx \beta = \Delta \varphi_0 \int \beta \, x \, dx = \Delta \varphi_0 S$ und eine vertikale Verschiebung Δz_0 eine Aenderung des Moments von $\int \Delta z_0 \, dx \, \beta x = \Delta z_0 \int \beta \, x \, dx = \Delta z_0 S$.

[2]) Es bleibt natürlich unbenommen, im Falle, daß für einzelne Zeitpunkte die Verschiebungen der Ausschläge der zweiten bezw. folgenden Wellenperioden gegen die entsprechenden der ersten zu groß erscheinen, wieder unmittelbar auf die Linien zurückzugehen.

höhe und hydrostatischer Druckverteilung zugrunde legen. Ein genaues Verfahren wäre möglich und im Prinzip auch ganz einfach, in der Ausführung aber derart umständlich und zeitraubend, daß es sich dadurch einfach von selbst verbietet.

2) Es steht bei Anwendung des graphischen Verfahrens offenbar nichts im Wege, den Wasserwiderstand proportional dem Quadrat der Geschwindigkeit zu setzen, wie dies auch in dem Beispiel des Anhanges geschehen ist. Außerdem ist dabei, auf Grund der auf Seite 26 gemachten Ausführungen, bei der Tauchbewegung mit einem anderen Widerstandskoeffizienten für die Abwärts- wie für die Aufwärtsbewegung gerechnet und zwar mit einem $\psi_1 = 0{,}05$ für erstere und einem $\psi_2 = 0{,}022$ für letztere. Die Wirkung besteht, wie leicht einzusehen, im wesentlichen in einer Verschiebung der Schwingungsnullage nach oben.

III) Untersuchung der Schwingungen auf Grund der analytischen Ableitung.

Die analytische Ableitung der Tauch- und Stampfschwingungen, die wir im Abschnitt I vorgenommen haben, ergab, wie uns die Formeln (34) bis (37) zeigen, für die erzwungenen Schwingungen — und mit diesen haben wir uns nach den Ausführungen auf Seite 24 und 25 allein zu beschäftigen — in beiden Fällen die Form einer einfachen geradlinigen oder sinoidenförmigen Schwingung. Eine solche ist vollständig bestimmt durch Periode, Phase und Amplitude. Eine allgemeine Untersuchung hat sich daher auf diese drei Elemente zu erstrecken.

a) Periode der Schwingungen.

Hierunter ist nur die schon bekannte Tatsache (siehe Seite 25) zu wiederholen, daß die Periode der Schwingungen des Schiffes mit der relativen Periode T der Wellen übereinstimmt. Nennen wir die Wellengeschwindigkeit V_w, die Eigengeschwindigkeit des Schiffes V_s, so ist die Schwingungsperiode sowohl der Wellen wie nun also auch die des Schiffes $T = \frac{\lambda}{V_w + V_s} = \frac{\lambda}{1{,}25\sqrt{\lambda} + V_s}$ [1]) worin V_s als positiv betrachtet, wenn der Bewegung der Wellen entgegengesetzt gerichtet. Die Abhängigkeit der Periode T von der Wellenlänge λ einerseits und der Schiffsgeschwindigkeit V_s andererseits ist aus dieser Formel ohne weiteres zu ersehen und bedarf daher keiner weiteren Ausführung. Vergl. auch die auf Seite 13 über die Beziehung zwischen T und V_s schon gemachten Bemerkungen.

b) Phase der Schwingungen.

Die Phase der Schiffsschwingungen spielt eine wichtige Rolle, wenn in Verbindung mit der der Wellenschwingung betrachtet, denn das Verhältnis beider ist, neben der Schwingungsamplitude, bestimmend für die dynamische Lage des Schiffes in der Welle. Es ist daher dies Phasenverhältnis, oder besser die Verschiebung der einen Phase gegen die andere zum Gegenstand der Untersuchung zu machen.

Wir gehen auf die Formeln (34a) und (35a) zurück, da die kleinen Größen Q' und R' bei solchen allgemeinen Untersuchungen nicht in Betracht kommen. Aus Formel (34a) hatten wir auf Seite 25 schon den Wert $t = t_0$ ab-

[1]) Vergl. Johow, Hülfsbuch für den Schiffbau 1910 S. 429.

geleitet, für den der vertikale Schwingungsausschlag ein Maximum wird, und gefunden: $\operatorname{tg} n t_0' = \frac{w_1 n}{k^2 - n^2}$. Da die in Mitte Schiff fallende Ordinate der Wellenkurve, wie schon mehrfach erwähnt, für $t = 0$ ihr Maximum hat, so bedeutet der Winkel $n t_0' = arc \operatorname{tg} \frac{w_1 n}{k^2 - n^2} = \vartheta'$ offenbar nichts anderes, als die Phasenverschiebung zwischen den Vertikalschwingungen des Schiffes und der Welle. Den Ausschlagwinkel φ der Stampfschwingungen des Schiffes haben wir andererseits mit dem Neigungswinkel in Vergleich zu setzen, den die Tangente der Wellenkurve in Mitte Schiff ($x = 0$) gegenüber der Horizontalen aufweist und der offenbar $= 0$ ist, für $t = 0$. Demgegenüber wird nach Gl. (35a) der Winkel $\varphi = 0$ für einen Wert $t = t_0''$, der bestimmt ist durch $\operatorname{tg} n t_0'' = \frac{w_2 n}{m^2 - n^2}$, und es ist daher die Phasenverschiebung zwischen den Winkelschwingungen des Schiffes und der Welle $n t_0'' = arc \operatorname{tg} \frac{w_2 n}{m^2 - n^2} = \vartheta''$.

Aus den beiden Formeln für ϑ' und ϑ'', die ja genau dieselbe Form haben, geht hervor:

Die Größe der Phasenverschiebung hängt ab von dem Verhältnis $\frac{w_1 n}{k^2 - n^2}$ bezw. $\frac{w_2 n}{m^2 - n^2}$. Ohne dieses im übrigen erschöpfend zu untersuchen, will ich nur die Haupttendenz und vor allem zwei markante Punkte hervorheben. Die Phasenverschiebung wird zunächst $= 0$ mit w_1 bezw. $w_2 = 0$, d. h. wenn wir eine widerstandslose Bewegung voraussetzen. Schiff und Welle schwingen dann in gleicher Phase, das Schiff hat seine größten Vertikalausschläge im Wellenberg bezw. Wellental und seine größten Neigungen auf halber Wellenhöhe, wo auch der Neigungswinkel der Wellenoberfläche gegen die Horizontale am größten ist. Da w_1 in der Regel, wie wir auch schon an dem Beispiel Seite 31 gesehen hatten, sehr klein ist, trifft dieser Fall der Phasengleichheit für die Vertikalschwingungen fast immer annähernd zu, bei den Winkelschwingungen stets in bedeutend geringerem Maße. Ebenso werden ϑ' und $\vartheta'' = 0$ für $n = 0$; das ist selbstverständlich, da hierbei der Fall des statischen Gleichgewichts vorliegt, bei welchem gar keine dynamischen Wirkungen auftreten können. Wächst nun n allmählich, was, ein und dieselbe Welle vorausgesetzt, eine Folge des Wachstums der Schiffsgeschwindigkeit wäre, so wächst auch die Phasenverschiebung und erreicht für $n = k$ bezw. m, also für den schon erwähnten Fall des Synchronismus der Wellen- und Eigenschwingungen, den Wert 90°. Hierbei schwingt, wie man sich ausdrücken könnte, das Schiff halb gegen die Wellen, d. h. die größten Vertikalausschläge werden jetzt bei einer Lage des Schiffes auf halber Wellenhöhe auftreten und die größten Neigungen im Wellenberg und Wellental. Da zu gleicher Zeit der Fall des Synchronismus auch die größten Schwingungsamplituden hervorbringt, so ist es einleuchtend, daß das Verhalten des Schiffes in den Wellen in diesem Falle ein außerordentlich ungünstiges sein muß, indem vor allem die Schiffsenden weit austauchen oder völlig überflutet werden würden.

Allgemein ist es augenfällig, daß das Verhalten des Schiffes in den Wellen um so günstiger sein muß, je mehr es mit, und um so ungünstiger, je mehr es gegen die Wellen schwingt, und insofern ist eine Untersuchung der Phasenverschiebungen, wie auf Grund der Formeln für ϑ' und ϑ'' für jeden Fall leicht durchzuführen ist, von Wichtigkeit.

Würde übrigens bei noch weiter wachsender Schiffsgeschwindigkeit $n > k$ bezw. m werden, so würde auch die Phasenverschiebung noch weiter zunehmen, da jedoch jenseits des Synchronismus die Amplituden wieder schnell kleiner werden (vergl. folgenden Abschnitt c), so fällt diese Zunahme nicht mehr so ins Gewicht; außerdem dürfte ein solcher Fall in Wirklichkeit überhaupt selten eintreten.

c) Amplitude der Schwingungen.

Bei Untersuchung der Schwingungsamplitude haben wir auf die Gl. (36) und (37) oder, da wir es hier nur mit Körpern von mathematisch bestimmbarer Form und daher zu Mitte Schiff symmetrischer Wasserlinie zu tun haben werden, auf die Gl. (36a) und (37 a) zurückzugehen, aus denen wir mit $\cos nt'$ bezw. $\sin nt'' = 1$ unmittelbar die Amplituden z_0 und φ_0 erhalten. Bei der großen Wichtigkeit, die der Schwingungsamplitude zukommt, erscheint es angebracht, die Einflüsse der verschiedenen in diesen Gleichungen auftretenden Faktoren auf die Größen z_0 und φ_0 genauer zu untersuchen. Es sind dies in Gl. (36a) die Werte Q, k und n und in Gl. (37a) R, m und n. Von diesen sind k und m nur von den Eigenschaften des Schiffes, n nur von denen der Welle abhängig — wie immer, denken wir uns eine Eigengeschwindigkeit des Schiffes in umgekehrter Richtung auf die Welle übertragen, und in diesem Sinne fällt die Geschwindigkeit des Schiffes, die in n ja auch mit enthalten ist, unter die Eigenschaften der Wellen —, Q und R sind sowohl mit dem Schiff wie mit den Wellen veränderlich. Es erscheint nun praktisch, die Untersuchung nicht der Reihe nach an jedem einzelnen Faktor, sondern nach dem Grundsatz vorzunehmen, daß wir die Einflüsse des Schiffes und der Wellen voneinander trennen, folglich einmal die Wirkung veränderlicher Wellen auf ein konstantes Schiff, darauf das Verhalten verschiedener Schiffsformen unter denselben äußeren Bedingungen, also konstanten Wellen betrachten. Aus der dritten Möglichkeit, daß Schiff und Welle sich gleichzeitig ändern, möchte ich am Schluß nur kurz den Fall herausgreifen, daß die Schiffe sowohl wie die Wellen zueinander im Aehnlichkeitsverhältnis stehen.

1) Abhängigkeit der Amplituden von den Eigenschaften der Wellen.

Nach den bekannten Wellengesetzen hängen Länge und Periode der Wellen eng miteinander zusammen. Die Höhe der Welle $2r$ ist zwar an und für sich unabhängig, doch pflegt man für gewöhnlich ein bestimmtes Minimalverhältnis $\frac{2r}{\lambda}$, meistens $1/_{20}$, zugrunde zu legen, und indem wir auch hier durchweg dieser Gewohnheit folgen, so würde also durch eine der 3 genannten Größen die Welle nach allen ihren Eigenschaften bestimmt sein. Doch, wie schon mehrfach ausgeführt, haben wir es hier nicht mit der absoluten Wellenperiode, sondern mit der relativen im Verhältnis zum Schiff zu tun; dadurch hört die unmittelbare Zusammengehörigkeit von T und λ auf und wir haben ihre Einflüsse getrennt zu betrachten.

α) Einfluß der relativen Wellenperiode T.

Diese kommt in den Gleichungen für z_0 und φ_0 lediglich zum Ausdruck in der Größe $n = \frac{2\pi}{T}$. Es ist daher, außer wie selbstverständlich, k und m, hier auch Q und R als konstant zu betrachten, und indem wir nacheinander verschiedene Werte von T in Gl. (36a) und (37a) einsetzen, werden wir für z_0 und φ_0 eine Kurve erhalten. Es ist aber noch übersichtlicher, als Abszissen nicht unmittelbar die relativen Wellenperioden T aufzutragen, sondern das Verhältnis $\alpha = \frac{T_1}{T} = \frac{n}{k}$ bez. $\beta = \frac{T_2}{T} = \frac{n}{m}$, wenn T_1 die natürliche Tauchperiode, T_2 die natürliche Stampfperiode des Schiffes. — Zu beachten ist, daß nach Gl. (39) und (41) die Widerstandskoeffizienten w_1 und w_2 mit n veränderlich sind, es hat daher für jeden Wert von n, den wir zur Bestimmung eines Punktes der Kurve benutzen, zunächst die Berechnung der entsprechenden Werte von w_1 und w_2 zu erfolgen.

Fig. 11 zeigt die auf diese Weise für unser bisheriges Beispiel (s. S. 30 ff.) erhaltene Kurve der Amplituden der Tauchschwingungen, Fig. 12 die der Stampfschwingungen. Zum Vergleich sind die Kurven hinzugefügt, die wir ohne Berücksichtigung des Wasserwiderstandes erhalten würden aus den Formeln $z_0' = \frac{Q}{k^2 - n^2}$ und $q_0' = \frac{R}{m^2 - n^2}$ (vergl. Gl. (42) und (43)).

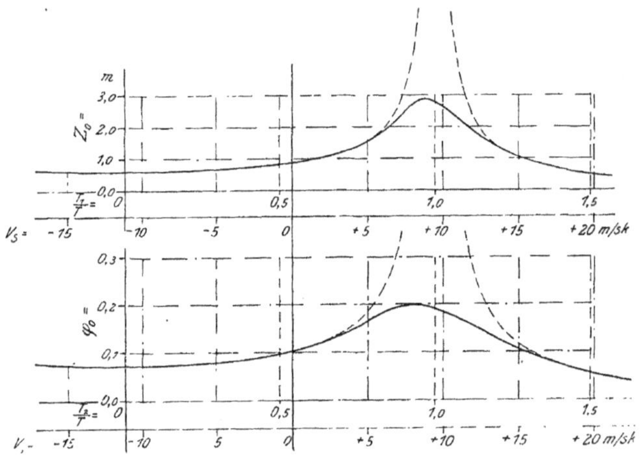

Fig. 11 und 12

In etwas anderer Form geschrieben, ergibt das:

$$z_0' = \frac{Q}{k^2} \cdot \frac{1}{1 - \frac{n^2}{k^2}} = \frac{Q}{k^2} \cdot \frac{1}{1 - \alpha^2}; \quad q_0' = \frac{R}{m^2} \cdot \frac{1}{1 - \beta^2}$$

und hiernach lassen sich die Kurven leicht auftragen. Daß der eine Zweig, für α^2 bez. $\beta^2 > 1$, eigentlich negativ erscheinen sollte, ist ohne Belang, da jedem positiven Wert von z_0 und q_0 immer ein negativer von derselben Größe entspricht und umgekehrt. Man sieht, daß diese Kurven mit den unter Berücksichtigung des Widerstandes erhaltenen zum großen Teil nahe zusammenlaufen und sich erst dann erheblich von ihnen zu entfernen beginnen, sobald sie sich dem Fall $\frac{T_1}{T}$ bez. $\frac{T_2}{T} = 1$, d. h. dem Fall des Synchronismus der Wellen- mit der Eigenperiode nähern. Man sieht auch, daß bei den Tauchschwingungen diese Erscheinung viel mehr ausgeprägt ist wie bei den Stampfschwingungen, was in der Verschiedenheit der Widerstandskoeffizienten w_1 und w_2 begründet ist. Man wird daher meistens auf eine Berücksichtigung des Widerstandes bei den Tauchschwingungen ganz verzichten können, wenn bei einem Schiff der Höchstwert von $\frac{T_1}{T}$, der im Bereich der Möglichkeit liegt, genügend weit von dem Werte 1 entfernt ist, was schon etwa bei $\left(\frac{T_1}{T}\right)_{max} = 0{,}8$ ganz ohne Frage der Fall ist.

Nun erkennt man, daß jedem Werte $\frac{T_1}{T}$ bez. $\frac{T_2}{T}$ eine bestimmte Geschwindigkeit des Schiffes entspricht. Es war (vergl. S. 47) $T = \frac{\lambda}{V_w + V_s}$, also $V_s = \frac{\lambda}{T} - V_w = \frac{\lambda}{T_1}\left(\frac{T_1}{T}\right) - V_w$ oder auch $= \frac{\lambda}{T_2}\left(\frac{T_2}{T}\right) - V_w$, wobei in unserem Beispiel $\frac{\lambda}{T_1} = \frac{\lambda}{T_2} = \frac{80}{3{,}88} = 20{,}6$ und $V_w = 11{,}16$ m/sk ist. Auf Grund dieser Formeln kann man nun eine neue Einteilung der Abszissenachse nach der Schiffsgeschwindigkeit V_s vornehmen und so z_0 und φ_0 in unmittelbarer Abhängigkeit von dieser zeigen, wie man dies auch in Fig. 11 und 12 ausgeführt sieht. Dabei bezeichnet ein positives V_s eine Richtung der Schiffsgeschwindigkeit gegen, ein negatives eine solche mit den Wellen. Die durch die größte Schiffsgeschwindigkeit von dem Punkte $V_s = 0$, nach der positiven und negativen Seite hin abgetragen, begrenzte Zone enthält die in den Bereich der Möglichkeit fallenden Amplituden.

Der Verlauf der Kurven ist folgender: Zunächst miteinander verglichen, zeigt Kurve 12 für die Stampfschwingungen einen erheblich flacheren Verlauf als Kurve 11 für die Tauchschwingungen, und das Maximum sehr viel weniger ausgeprägt. Es rührt dies von der Verschiedenheit der Größen w_1 und w_2 her. Abgesehen davon ist aber der Charakter der Kurven ein gleicher. Vom Fall des ruhenden Schiffes ($V_s = 0$) ausgehend, wird sich die Schwingungsamplitude des Schiffes, wenn mit wachsender Geschwindigkeit gegen die Wellen fahrend, schnell und sehr erheblich vergrößern und in der Nähe des Synchronismus ihr Maximum erreichen. Will man daher bei einem Schiff die größten auftretenden Schwingungen ermitteln, so wird man diese im allgemeinen bei der größten Schiffsgeschwindigkeit entgegengesetzt der Richtung der Wellen zu suchen haben; es sei denn, daß dabei der Synchronismus der Schwingungen schon überschritten ist, in welchem Falle dieser selbst das Maximum der Amplitude liefert. Jenseits dieses Maximums würde die Kurve schnell abfallen und sich der Abszissenachse als Asymptote nähern. — Von $V_s = 0$ nach der negativen Seite gehend, also eine wachsende Geschwindigkeit in Richtung der Wellen annehmend, sehen wir die Kurven, wenn auch unerheblich abfallen und ihren tiefsten Punkt in dem Augenblicke erreichen, wo das Schiff die gleiche Geschwindigkeit wie die Wellen hat. Dieser Augenblick, in dem die relative Geschwindigkeit $= 0$ und die relative Periode $T = \infty$ ist, entspricht dem Fall des statischen Gleichgewichts und die Werte z_0 und φ_0 würden hierfür mit $n = 0$ die Form annehmen:

$$z_{st0} = \frac{Q}{k^2} = \frac{r\,a}{F} \text{ (s. Gl. (21))} \quad \ldots \ldots \ldots \quad (48).$$

$$\varphi_{st0} = \frac{R}{m^2} = \frac{r\,b}{J_w} \text{ (s. Gl. (22))} \quad \ldots \ldots \ldots \quad (49).$$

Würde die Geschwindigkeit des Schiffes in Richtung der Wellen noch weiter steigen, so würden die Schwingungsamplituden nun wieder zunehmen und es würde sich ein zu der kleinsten Ordinate symmetrischer Ast der Kurve nach links anschließen.

β) Einfluß der Wellenlänge λ.

Die unter α) gemachten Ausführungen galten für ein und dieselbe Welle, deren Länge in dem Beispiel, das auch als Unterlage für die Kurven Fig. 11

und 12 diente, ja gleich der Länge des Körpers vorausgesetzt war, und die Veränderlichkeit lag im Grunde nicht in der Welle selbst, sondern in der Geschwindigkeit des Schiffes. Ebenso können wir nun aber Wellen von beliebiger anderer Länge zugrunde legen und die entsprechenden Kurven für diese konstruieren. Eine Aenderung der Wellenlänge λ beeinflußt in den Gleichungen für z_0 und φ_0 einmal die Größe n. Es war $T = \frac{\lambda}{V_s + 1{,}25 \sqrt{\lambda}}$ (s. unter IIIa, S. 27), folglich $n = \frac{2\pi}{T} = \frac{2\pi(V_s + 1{,}25\sqrt{\lambda})}{\lambda}$. Ferner enthalten die Größen Q und R den Faktor $r = \frac{\lambda}{40}$ und die Integrale a und b, deren Lösung auf S. 31 für unser Beispiel schon ausgeführt ist. Die Abhängigkeit der Größen Q und R von λ drückt sich daher durch folgende Gleichungen aus:

$$Q = \frac{k^2 r a}{F} = \frac{2k^2 B}{40\pi^2 L\, {}^2/_3 B L} \lambda^3 \left(\frac{\lambda}{\pi L} \sin\frac{\pi L}{\lambda} - \cos\frac{\pi L}{\lambda}\right) = \frac{3k^2 L}{40\pi^2} f'\left(\frac{\lambda}{L}\right),$$

$$\text{worin } f'\left(\frac{\lambda}{L}\right) = \left(\frac{\lambda}{L}\right)^3 \left(\frac{\lambda}{\pi L} \sin\frac{\pi L}{\lambda} - \cos\frac{\pi L}{\lambda}\right),$$

$$R = \frac{m^2 r b}{J_w} = \frac{m^2 B}{40\pi^2 \frac{B L^3}{30}} \lambda^3 \left[\left(3\frac{\lambda^2}{\pi^2 L^2} - 1\right) \sin\frac{\pi L}{\lambda} - 3\frac{\lambda}{\pi L} \cos\frac{\pi L}{\lambda}\right] = \frac{3m^2}{4\pi^2} f''\left(\frac{\lambda}{L}\right),$$

$$\text{worin } f''\left(\frac{\lambda}{L}\right) = \left(\frac{\lambda}{L}\right)^3 \left[\left(3\frac{\lambda^2}{\pi^2 L^2} - 1\right) \sin\frac{\pi L}{\lambda} - 3\frac{\lambda}{\pi L} \cos\frac{\pi L}{\lambda}\right].$$

Setzen wir nun nacheinander das Verhältnis $\frac{\lambda}{L} = 0{,}75$, $1{,}0$, $1{,}25$, $1{,}5$, $1{,}75$, $2{,}0$, und berechnen aus den obigen Formeln die entsprechenden Werte für n, Q und R, so erhalten wir in derselben Weise, wie für $\frac{\lambda}{L} = 1{,}0$ in Fig. 11 und 12 schon durchgeführt, je 5 weitere Kurven, die für die verschiedenen Werte $\frac{\lambda}{L}$ die Abhängigknit der Amplituden von $\frac{T_1}{T}$ bez. $\frac{T_2}{T}$ zeigen. Diese Kurven tragen wir aber gleich als Funktionen der Schiffsgeschwindigkeit auf, indem wir auf Grund der Gleichung $V_s = \frac{\lambda}{T_1}\left(\frac{T_1}{T}\right) - 1{,}25\sqrt{\lambda}$ bez. $\frac{\lambda}{T_2}\left(\frac{T_2}{T}\right) - 1{,}25\sqrt{\lambda}$ (s. S. 51) von $V_s = 0$ als einer festen Achse ausgehend, für jeden Wert von λ eine andere Einteilung der Asbzissenachse vornehmen. Auf diese Weise gelangen wir zu den Kurven Fig. 13 für die Amplituden der Tauchschwingungen und Fig. 14 für die der Stampfschwingungen. Wir sehen daraus, daß die Kurven mit wachsendem $\frac{\lambda}{L}$ immer flacher werden und der Zustand des Schwingungs-

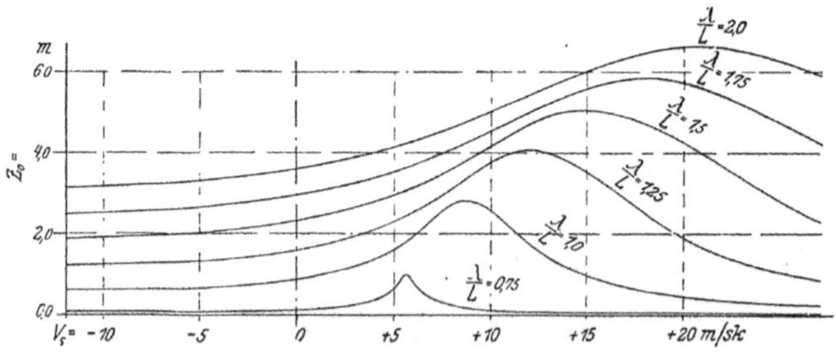

Fig. 13.

synchronismus, der übrigens bei jedem größeren $\frac{\lambda}{L}$ jedesmal später, d. h. bei höherer Schiffsgeschwindigkeit eintritt, immer weniger ausgeprägt erscheint. Für $\frac{\lambda}{L} = \infty$ würden die entsprechenden Kurven gerade, parallel zur Abszissenachse laufende Linien sein, nur daß diese in Fig. 13 in unendlich großen, in Fig. 14 in endlichem Abstande läge. Dies erklärt sich leicht daraus, daß offenbar bei

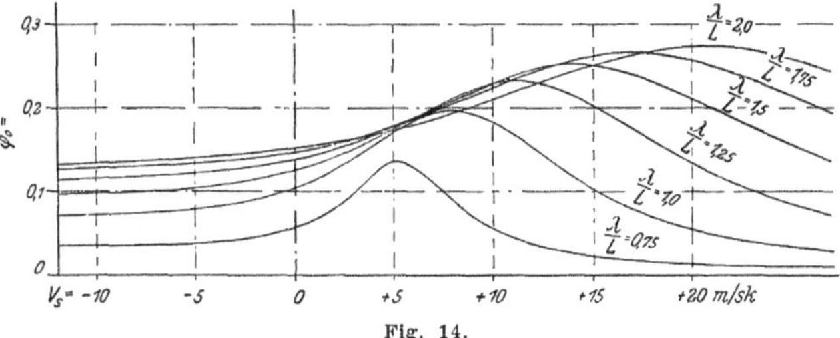

Fig. 14.

einer Welle von unendlich großer Länge und also auch unendlich großer Periode die dynamischen Erscheinungen ganz aufhören und der Körper sich auf der Wellenoberfläche fortbewegt wie auf ruhigem Wasser. Da unter diesen Umständen die Wellenkurve selbst die Schwingungskurve des Körpers darstellt, wird der größte Vertikalausschlag des Körpers direkt gleich der halben Wellenhöhe r, also $= \infty$, seine großte Neigung aber gleich der der Tangente an die Sinoidenkurve sein, die sich aus Gl. (9) zu $\frac{2\pi r}{\lambda} = \frac{\pi}{20} = 0{,}157$ ergibt.

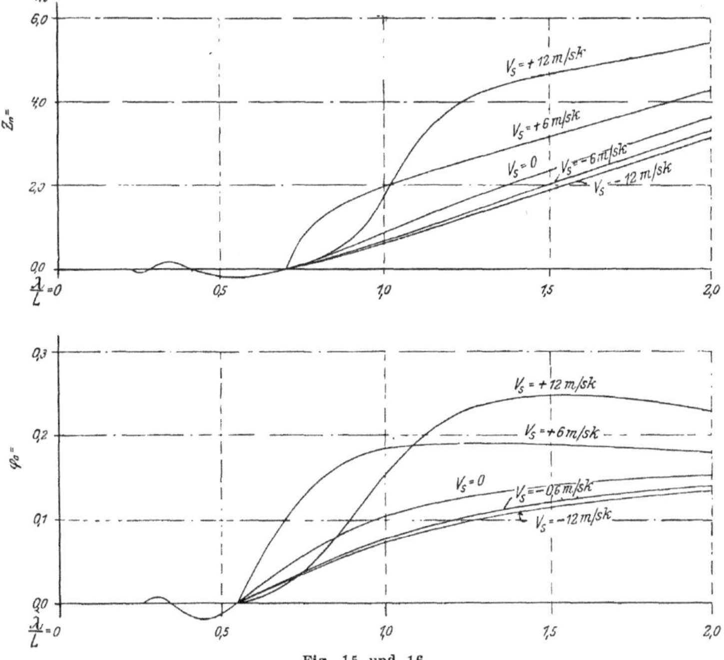

Fig. 15 und 16.

Ich habe diesen Fall eines unendlich großen $\frac{\lambda}{L}$ nur angedeutet, weil man auf Grund dieser Ueberlegung leicht den Verlauf der Kurven Fig. 15 und 16 verstehen wird. Diese zeigen z_0 und φ_0 als Funktionen des Verhältnisses $\frac{\lambda}{L}$, und zwar für verschiedene Werte der Schiffsgeschwindigkeit V_s; es ist ja ohne weiteres klar, daß diese Kurven für jedes beliebige V_s direkt den Kurven Fig. 13 und 14 zu entnehmen sind. Diese neuen Kurven zeigen folgenden Verlauf:

Für kleine Werte $\frac{\lambda}{L}$ ist er in beiden Figuren unregelmäßig, die Kurven schneiden mehrmals die Abszissenachse, um so häufiger, je kleiner das Verhältnis $\frac{\lambda}{L}$ wird — man kann aus den Klammerausdrücken der Größen $f'\left(\frac{\lambda}{L}\right)$ und $f''\left(\frac{\lambda}{L}\right)$ leicht entnehmen, für welche Werte $\frac{\lambda}{L}$ die Amplitude $= 0$ wird, doch interessiert diese Zone nicht erheblich wegen der Kleinheit der erzeugten Schwingungen. Deshalb ist auch nur für einen Geschwindigkeitsfall der Verlauf der Kurve in dieser Zone angedeutet, die anderen Kurven sind erst begonnen, nachdem sie zum letzten Male die Abszissenachse geschnitten haben, was in unserem Beispiel bei den Kurven für z_0 etwa bei $\lambda = 0{,}7\ L$, für φ_0 bei $\lambda = 0{,}55\ L$ der Fall ist.

Danach zeigen die Kurven der Tauchschwingungsamplituden, Fig. 15, die den Schwingungssynchronismus schon passiert haben, das sind die, bei denen die Geschwindigkeit klein oder mit den Wellen gleichgerichtet ist, einen fast geradlinigen, gleichmäßig ansteigenden Verlauf. Bei höheren Geschwindigkeiten zeigt sich ein rapides Wachsen der Schwingungsamplituden, das so lange andauert, bis das Verhältnis $\frac{\lambda}{L}$, das dem Zustand des Synchronismus entspricht, überschritten ist, was um so später eintritt, je größer die Geschwindigkeit. Danach wird der Verlauf auch dieser Kurven immer mehr geradlinig, da ja nach den vorausgeschickten Bemerkungen das Wachstum der Amplituden schließlich genau mit dem linearen Anwachsen der Wellenhöhe r übereinstimmen muß. Demgegenüber zeigen in Fig. 16 die Kurven der Stampfschwingungen aus dem ebenfalls schon angedeuteten Grunde das Bestreben, nach Ueberschreitung des dem Synchronismus entsprechenden Verhältnisses $\frac{\lambda}{L}$ alle in die im Abstande $\frac{2\pi r}{\lambda}$ laufende Parallele zur X-Achse einzulaufen. Daher werden die für höhere Geschwindigkeiten geltenden Kurven, die bis zum Zustande des Synchronismus auch hier ein sehr starkes Anwachsen zeigen und dabei über die genannte Parallele mehr oder weniger weit hinausschießen, bald darauf ihr Maximum erreichen und wieder abfallen. So zeigt die für eine Geschwindigkeit $V_s = 12$ m/sk $= 23{,}3$ Knoten eingetragene Kurve ein deutlich erkennbares Maximum bei $\frac{\lambda}{L} \infty 1{,}5$; bei $V_s = 6$ m/sk ist von einem solchen kaum mehr etwas zu erkennen, sondern es zeigt sich hier, nach Ueberschreiten des Synchronismus, etwa von $\frac{\lambda}{L} = 1$ an, überhaupt keine erhebliche Aenderung der Amplituden.

2) Abhängigkeit der Amplituden von den Eigenschaften des Schiffes.

Die hierunter zu findenden Untersuchungen sind der Natur der Sache nach nicht als erschöpfend aufzufassen, denn sie können eben nur das enthalten, was aus den auf analytischem Wege entwickelten Formeln (36), (37) bezw. (36a), (37a) zu entnehmen ist. Deren Anwendbarkeit unterliegt den Beschränkungen, auf die sich ihre Ableitung gründet, vor allem, daß in der von den Wellen berührten Zone des Schiffskörpers die Schiffswände vertikal vorausgesetzt sind. Wenn auch der Fehler, den wir dabei begehen, im allgemeinen nicht groß sein wird, so verbieten sich dadurch doch so interessante Untersuchungen wie etwa über den Einfluß der Spantformen in dieser Zone des Schiffes oder über den von verschiedenartigen Heckformen von selbst. Mit Hülfe von Korrektionsmethoden, wie sie zum Teil schon erwähnt (siehe S. 22), zum Teil nur im Anhang enthalten sind, oder am besten mit Hülfe graphischer Integration, würden sich, wenn auch auf erheblich mühsamere Weise, jedoch auch solche Untersuchungen ermöglichen lassen.

Die von der Schiffsform abhängigen Größen in den Formeln für z_0 und q_0 sind Q und R (Gl. (21) und (22)) einerseits, k^2 und m^2 (Gl. (2) und (6a)) andererseits. Wir wollen nun die beiden Fälle unterscheiden:

α) Die Wasserlinie ist nach Form und Größe konstant, so sind in den angeführten Formeln auch die Größen F, J_w, a und b konstant und k^2 bezw. m^2 die einzigen veränderlichen Werte.

β) k^2 und m^2 sind konstant, die Wasserlinie dagegen veränderlich.

Zu α).

Es ist $k^2 = \frac{gF}{V}$ und $m^2 = \frac{\gamma J_w}{J}$; da F und J_w hier konstant, sind also das Deplacement V und das Massenträgheitsmoment J die variablen Größen. Letzteres wollen wir zunächst noch ausschalten, indem wir nach Gl. (8) $m^2 = k^2 \frac{i_w^2}{i^2} = c k^2$ setzen, also $\frac{i_w^2}{i^2}$ als konstant annehmen. Die Veränderlichkeit liegt dann nur noch in dem Deplacement V, und es folgt daraus, daß eine Aenderung, die nur die Form, nicht die Größe des Deplacements betrifft, keine Wirkung auf die Schwingungen hat. Wenn wir ferner $k^2 = \frac{gBLa}{BLH\delta} = \frac{ga}{H\delta}$ schreiben, sehen wir, daß wir durch die Veränderlichkeit von k einmal den Einfluß des Tiefganges H zum Ausdruck bringen, zweitens den des Völligkeitsgrades des Deplacements δ. Wir können uns damit begnügen, den Einfluß einer dieser Größen zu veranschaulichen, und so finden wir in Fig. 17 z_0 und q_0 in Abhängigkeit von δ dargestellt, während dabei H konstant vorausgesetzt ist. Zugrunde gelegt ist wieder das bisherige Beispiel, und zwar bei einer Wellenlänge = Schiffslänge und einer Geschwindigkeit von 10 Knoten entgegengesetzt der Wellenrichtung. Die Form, in der die Gl. (36a) und (37a) zur Konstruktion dieser Kurven zu benutzen sind, ist

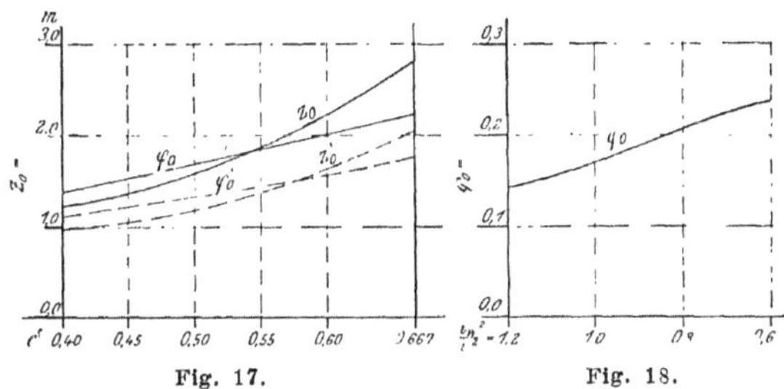

Fig. 17. Fig. 18.

$$z_0 = C_1 \frac{k^2}{\sqrt{(k^2-n^2)^2+w_1{}^2 n^2}}, \quad \varphi_0 = C_2 \frac{m^2}{\sqrt{(m^2-n^2)^2+w_2{}^2 n^2}},$$

wobei die Konstanten

$$C_1 = \frac{r\,a}{F} = \frac{2\,r\,B\,L}{\pi^2 F} = \frac{3\,r}{\pi^2} = 0{,}608, \quad C_2 = \frac{r\,b}{J_w} = \frac{3\,r\,B\,L^2}{\pi^3 J_w} = \frac{90\,r}{\pi^3 L} = 0{,}0725,$$

und das Verhältnis $\frac{i_w^2}{i^2} = 1$, also $m = k$ gesetzt ist. Bei Berechnung der einzelnen Punkte der Kurve ist wieder jedesmal der entsprechende Wert von w_1 und w_2 nach Gl. (39) und (41) zu ermitteln.

Die Kurven zeigen ein Anwachsen der Amplituden bei wachsendem δ, das bei z_0 einen nach oben konkav gekrümmten, bei φ_0 einen fast genau geradlinigen Verlauf hat. Bei dem extremen Wert $\delta = 0{,}667$, der einem Verhältnis $\frac{\alpha}{\delta} = 1$, also einem Körper mit ganz bis unten zu senkrechten Wänden und horizontalem Boden entspräche, sind die Amplituden demnach am größten.

In ähnlicher Weise würde ein Anwachsen der Amplituden stattfinden bei wachsendem Tiefgange H, und allgemein bei wachsendem Deplacement unter Voraussetzung einer konstant bleibenden Wasserlinienform[1]).

Es ist nun nicht, wie wir es hier getan haben, erforderlich, das Massenträgheitsmoment J dadurch, daß wir für $\frac{i_w^2}{i^2}$ einen konstanten Wert annehmen, auszuschalten, sondern wir können natürlich ebenso gut seinen Einfluß ganz getrennt von dem des Deplacements untersuchen, wie es ja auch in Wirklichkeit von diesem ganz unabhängig ist. Das Ergebnis einer derartigen Rechnung ist in der Kurve, Fig. 18, wiedergegeben, die auch wieder auf Grund unseres alten Beispieles und in genau entsprechender Weise wie die Kurve für φ_0 in Fig. 17 konstruiert ist; nur ist hier jetzt das Deplacement, also auch k^2 als konstant betrachtet und $m^2 = k^2 \frac{i_w^2}{i^2}$ durch Aenderung der Größe i^2, d. h. lediglich durch Aenderung der Massenverteilung, variabel gemacht. φ_0 ist als Funktion des Verhältnisses $\frac{i_w^2}{i^2}$ aufgetragen, in welchem i_w^2 auf Grund der Parabelform der Wasserlinie ja schon früher (S. 30 oben) zu $\frac{L^2}{20}$ ermittelt war. Der Wert $\frac{i_w^2}{i^2} = 1{,}2$ $\left(\text{d. i. } i^2 = \frac{L^2}{24}\right)$ entspricht einer Dreiecksbelastung, der von $1{,}0$, wie selbstverständlich, einer parabelförmigen und endlich der von $0{,}6$ $\left(\text{d. h. } i^2 = \frac{L^2}{12}\right)$ einer rechteckigen Form der Gewichtskurve. Das Ergebnis ist, wie vorauszusehen, ein Wachsen der Amplitude mit wachsendem Trägheitsarm i, seinen größten Wert erreicht daher φ_0, wenigstens in den hier für das Verhältnis $\frac{i_w^2}{i^2}$ angenommenen Grenzen, bei der Rechtecksbelastung.

[1]) Zum Vergleich sind in Fig. 17 noch die punktierten Kurven z_0' und φ_0' hinzugefügt, die sich unter Berücksichtigung des hydrodynamischen Druckes in den Wellenschichten auf Grund der durch Gl. (47) (S. 41) gegebenen Korrektur ergeben. Der einzige Unterschied ist der, daß in den Größen C_1 und C_2 (S. oben) für r der Wert r' zu setzen und dieser unter den vorliegenden Umständen nicht konstant ist, da ja der mittlere Tiefgang H' mit dem Völligkeitsgrade δ sich ändert. Ein Vergleich der so erhaltenen punktierten mit den alten Kurven läßt ersehen, daß der an sich sehr beträchtliche Einfluß dieser Korrektur zunimmt mit wachsendem δ, d. h. wachsendem mittleren Tiefgang H', was mit den auf S. 42 gemachten Bemerkungen übereinstimmt. Es erschien mir hinreichend, diese Korrektur an dieser einen Stelle zu veranschaulichen, und sie ist daher in allen folgenden bezw. schon erfolgten allgemeinen Untersuchungen nicht berücksichtigt, da sie an dem allgemeinen Charakter der Kurven, auf den es uns vor allem ankommt, nichts ändert.

Zu β).

Wenn wir nun in Folgendem k^2 und m^2 als konstant annehmen, so bedeutet dies ein konstantes Verhältnis $\frac{F}{V}$ oder, bei Annahme eines gleichbleibenden Tiefganges H, ein konstantes Verhältnis $\frac{\alpha}{\delta}$; und dies ist auch für die Untersuchung, die wir jetzt über den Einfluß von Form und Größe der Wasserlinie machen wollen, die natürlichste Annahme, die wir machen können, denn sie besagt, daß sämtliche Wasserlinien sich in demselben Verhältnis ändern wie die Konstruktionswasserlinie.

Das nun konstante Verhältnis $\frac{k}{n}$ bezw. $\frac{m}{n}$ setzen wir für die noch folgenden Untersuchungen dieses Abschnittes so voraus, daß es sich in genügendem Abstande von dem Werte 1, d. h. dem Synchronismus der Schwingungsperioden der Welle und des Körpers hält, wie dies auch in Wirklichkeit bei den meisten aller in Betracht kommenden Fälle zutrifft. Wir können unter diesen Umständen dann auch die Veränderlichkeit der Widerstandskoeffizienten w_1 und w_2, deren Wert ja eigentlich als von Q und R abhängig, also auch als variabel angesehen werden müßte, nach den Ausführungen auf S. 50 bis 51 vernachlässigen und behalten demnach Q und R als die einzigen variablen Größen der Gleichungen für z_0 und q_0.

In Q und R selbst erkennen wir (siehe Gl. (21) und (22)) $\frac{ra}{F}$ und $\frac{rb}{J_w}$ als die veränderlichen Faktoren. Betrachten wir zunächst daraufhin wieder die Parabelform, so ist

$$\frac{ra}{F} = \frac{\frac{\lambda}{40}\,\frac{2B\lambda^2}{\pi^2 L}\left(\frac{\lambda}{\pi L}\sin\frac{\pi L}{\lambda} - \cos\frac{\pi L}{\lambda}\right)}{{}^2/_3\,BL}, \quad z_0 = C_1\lambda\,\frac{\lambda^2}{L^2}\left(\frac{\lambda}{\pi L}\sin\frac{\pi L}{\lambda} - \cos\frac{\pi L}{\lambda}\right) = C_1\lambda f'\left(\frac{\lambda}{L}\right)$$

$$\frac{rb}{J_w} = \frac{\frac{\lambda}{40}\,\frac{B\lambda^2}{\pi^2}\left[\left(3\frac{\lambda^2}{\pi^2 L^2} - 1\right)\sin\frac{\pi L}{\lambda} - 3\frac{\lambda}{\pi L}\cos\frac{\pi L}{\lambda}\right]}{\frac{BL^3}{30}},$$

$$q_0 = C_2\frac{\lambda^3}{L^3}\left[\left(3\frac{\lambda^2}{\pi^2 L^2} - 1\right)\sin\frac{\pi L}{\lambda} - 3\frac{\lambda}{\pi L}\cos\frac{\pi L}{\lambda}\right] = C_2 f''\left(\frac{\lambda}{L}\right),$$

worin C_1 und C_2 konstante Größen bedeuten.

Hieraus sehen wir zunächst, daß die Breite des Körpers B regelmäßig aus den Gleichungen für z_0 und φ^0 herausfällt; würden wir also z. B. die Länge L konstant halten und die Breite B beliebig ändern, so bleibt die Größe der Amplitude doch immer dieselbe. Mit einer Aenderung von B ist hier nach den gemachten Voraussetzungen auch eine Aenderung des Deplacements verknüpft, welche unter diesen Umständen also auch keinen Einfluß auf die Größe der Amplitude haben kann, im Gegensatz zu dem unter α) beschriebenen Falle.

Dagegen spielt die Länge des Körpers L oder besser das Verhältnis $\frac{\lambda}{L}$ augenscheinlich eine wichtige Rolle. Auf Grund der obigen Formeln sind nun in Fig. 19 z_0 und q_0 als Funktionen dieses Verhältnisses dargestellt. Man wird diese Kurven zweckmäßig mit denen Fig. 15 und 16 vergleichen, mit welchen sie der Natur der Sache nach nahe verwandt sind. So zeigt sich auch hier der wellenförmige Verlauf der Kurven für die kleinen Werte des Verhältnisses $\frac{\lambda}{L}$ und ihr starkes Anwachsen nach dem letzten Passieren der X-Achse. Der Umstand aber, daß wir es hier mit einem veränderlichen L an Stelle von λ zu tun haben, schafft in der Kurve für z_0 den charakteristischen Unterschied gegen früher, daß sie hier bis zuletzt im Endlichen verbleibt. Die theoretischen Endwerte der Ausdrücke $f'\left(\frac{\lambda}{L}\right)$ und $f''\left(\frac{\lambda}{L}\right)$ für $\frac{\lambda}{L} = \infty$, d. h. $L = 0$, sind

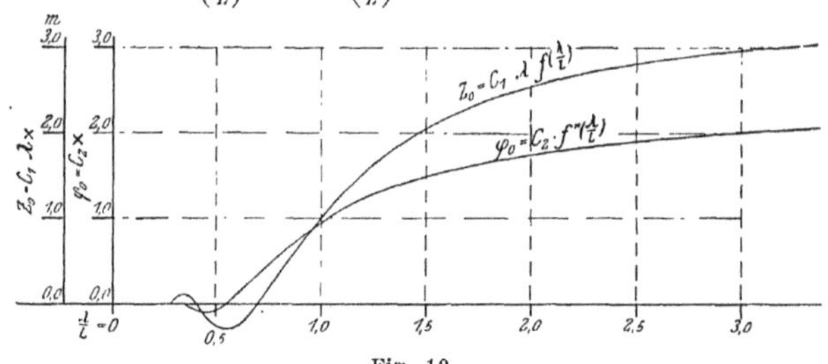

Fig. 19.

$$f'\left(\frac{\lambda}{L}\right)(L=0) = \frac{\lambda^3\left(\frac{\lambda}{\pi}\sin\frac{\pi L}{\lambda} - L\cos\frac{\pi L}{\lambda}\right)}{L^3}(L=0) = \frac{0}{0} = \frac{\lambda^3\frac{\pi}{\lambda}\sin\frac{\pi L}{\lambda}}{3L}(L=0) = \frac{0}{0}$$

$$= \frac{\pi^2\lambda\cos\frac{\pi L}{\lambda}}{3}(L=0) = \frac{\pi^2\lambda}{3},$$

$$f''\left(\frac{\lambda}{L}\right)(L=0) = \frac{\lambda^3\left(3\frac{\lambda^2}{\pi^2}\sin\frac{\pi L}{\lambda} - L^2\sin\frac{\pi L}{\lambda} - \frac{3\lambda L}{\pi}\cos\frac{\pi L}{\lambda}\right)}{L^5}(L=0) = \frac{0}{0}$$

$$= \frac{\lambda^3\left(\sin\frac{\pi L}{\lambda} - \frac{\pi L}{\lambda}\cos\frac{\pi L}{\lambda}\right)}{5L^3}(L=0) = \frac{0}{0} = \frac{\pi^2\lambda}{15}\frac{\sin\frac{\pi L}{\lambda}}{L}(L=0) = \frac{0}{0} = \frac{\pi^3}{15}\cos\frac{\pi L}{\lambda}(L=0) = \frac{\pi^3}{15}.$$

Ich möchte diese Werte kurz deuten. Setzen wir den hier für $L = 0$ ermittelten Wert $f'\left(\frac{\lambda}{L}\right) = \frac{\pi^2\lambda}{3}$ in die Gleichung für $\frac{ra}{F}$ ein, so wird diese Größe $= \frac{\lambda}{40} = r$ und damit $Q = R^2 r$. Ebenso ergibt sich für $f''\left(\frac{\lambda}{L}\right) = \frac{\pi^3}{15}$ der Ausdruck $\frac{rb}{J_w} = \frac{2\pi r}{\lambda}$, also $R = m^2\frac{2\pi r}{\lambda}$. r ist die halbe Wellenhöhe, $\frac{2\pi r}{\lambda}$ stellt, wie wir auch schon festgestellt haben (s. S. 53) den größten Winkel dar, den die Tangente an die Sinoidenkurve mit der X-Achse bildet. Diese Werte in die Grundgleichungen (36a) und (37a) eingeführt, gibt

$$z = \frac{k^2 r}{\sqrt{(k^2 - n^2)^2 + w_1^2 n^2}}\cos nt, \quad \varphi = \frac{m^2\frac{2\pi r}{\lambda}}{\sqrt{(m^2 - n^2)^2 + w_2^2 n^2}}\sin nt.$$

Denken wir uns nun etwa einen brettartigen Körper, so wird für einen solchen k und m offenbar sehr groß, und wir können daneben die Größe n vernachlässigen. Es wird dann

$$z = r\cos nt, \quad \varphi = \frac{2\pi r}{\lambda}\sin nt.$$

Diese Gleichungen zeigen, daß jetzt die vertikalen Schwingungsausschläge des Körpers mit den Ordinaten der Wellenkurve selbst, und die Ausschläge seiner Stampfschwingungen mit den Neigungen der Tangenten der Wellenkurve übereinstimmen, d. h. daß der Körper völlig die Bewegung der Wellenoberfläche mitmacht. — Dieselbe Erscheinung beobachtet man bekanntlich bei den Schwingungen eines quer zu den Wellen liegenden derartigen Körpers, und es ist ja auch klar, daß, wenn die Länge des Körpers gegenüber der der Welle sehr klein ist, die Tauchbewegungen in beiden Fällen übereinstimmen und die Stampfbewegungen völlig den Charakter der Rollbewegungen annehmen müssen. — Zu demselben Resultat würden wir übrigens nicht nur unter Zugrundelegung der Parabelform, sondern jeder beliebigen andern Form auch gekommen sein.

Fig. 19 zeigt uns, daß von zwei Schiffen, die gleich großen Wellen ausgesetzt sind, das kürzere die größeren Schwingungen machen wird — denn der Teil der Kurven, der rechts ihrer letzten Schnittpunkte mit der Abzsissenachse liegt, kann für uns einzig und allein in Betracht kommen. Nehmen wir nun bei beiden Schiffen dasselbe Areal der Wasserlinie und damit dasselbe Deplacement, aber ein verschiedenes $L:B$ an, so kommt es dabei, wie wir eben gesehen haben, für die Größe der Schwingungen auf die Breite gar nicht an, es ist lediglich die Länge von Einfluß, es wird daher, unter sonst gleichen Umständen, die Amplitude der Schwingungen wachsen mit kleiner werdendem $L:B$ und umgekehrt.

Wir wollen jetzt noch untersuchen, welchen Einfluß die Form bezw. Völligkeit der Wasserlinie bei gegebener Länge und Breite ausmacht. Wir können dazu nun die Parabelform, die bisher sämtlichen Untersuchungen und Kurven dieses Abschnitts als Grundlage gedient hatte, nicht mehr gebrauchen, da sie immer eine gleiche Völligkeit $\alpha = 0{,}667$ aufweist. Wir wählen daher die Form Fig. 20,

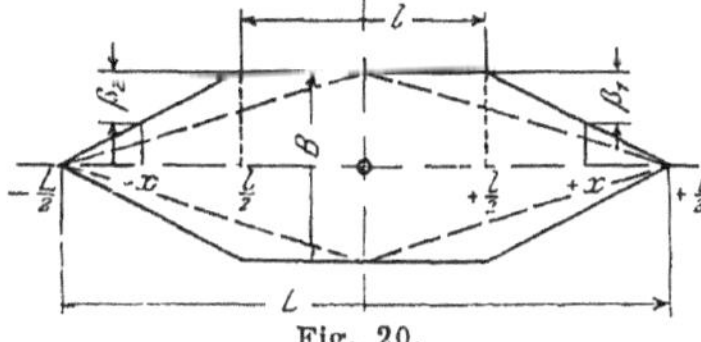

Fig. 20.

bei welcher das veränderliche Maß l gestattet, die Völligkeit innerhalb der Grenzen 0,5 und 1,0 zu verändern. Obgleich dies natürlich keine Schiffsformen im Sinne der Praxis sind, werden wir doch die Tendenz, die wir der Untersuchung bezüglich des Verhaltens dieser Körper entnehmen werden, auch ohne weiteres auf richtige Schiffsformen übertragen können.

Wir gelangen auf Grund dieser Form zu folgenden Werten:

$$F = \frac{B(L+l)}{2};\quad J_w = \frac{Bl^3}{12} + 2\left[\frac{B\left(\frac{L-l}{2}\right)^3}{36} + \frac{B\left(\frac{L-l}{2}\right)}{2}\left(\frac{l}{2} + {}^1/_3\,\frac{L-l}{2}\right)^2\right] = \frac{B}{48}(L^3 + L^2 l + L l^2 + l^3),$$

$$\beta_1 = B\,\frac{x - \frac{l}{2}}{L-l},\quad \beta_2 = B\,\frac{-x-\frac{l}{2}}{L-l},$$

folglich

$$\alpha = \int_{-\frac{L}{2}}^{+\frac{L}{2}} \beta \cos\frac{2\pi x}{\lambda}\,dx = B\int_{-\frac{L}{2}}^{+\frac{L}{2}} \cos\frac{2\pi x}{\lambda}\,dx - \frac{2B}{L-l}\int_{\frac{l}{2}}^{\frac{L}{2}}\left(x - \frac{l}{2}\right)\cos\frac{2\pi x}{\lambda}\,dx - \frac{2B}{L-l}\int_{-\frac{L}{2}}^{-\frac{l}{2}}\left(-x-\frac{l}{2}\right)\cos\frac{2\pi x}{\lambda}\,dx$$

$$= B\int_{-\frac{L}{2}}^{+\frac{L}{2}}\cos\frac{2\pi x}{\lambda}\,dx + \frac{Bl}{L-l}\left(\int_{\frac{l}{2}}^{\frac{L}{2}}\cos\frac{2\pi x}{\lambda}\,dx + \int_{-\frac{L}{2}}^{-\frac{l}{2}}\cos\frac{2\pi x}{\lambda}\,dx\right) - \frac{2B}{L-l}\left(\int_{\frac{l}{2}}^{\frac{L}{2}} x\cos\frac{2\pi x}{\lambda}\,dx - \int_{-\frac{L}{2}}^{-\frac{l}{2}} x\cos\frac{2\pi x}{\lambda}\,dx\right)$$

$$= \frac{B\lambda}{\pi}\sin\frac{\pi L}{\lambda} + \frac{Bl\lambda}{(L-l)\pi}\left(\sin\frac{\pi L}{\lambda} - \sin\frac{\pi l}{\lambda}\right) - \frac{B\lambda^2}{(L-l)\pi^2}\left(\frac{\pi L}{\lambda}\sin\frac{\pi L}{\lambda} + \cos\frac{\pi L}{\lambda} - \frac{\pi l}{\lambda}\sin\frac{\pi l}{\lambda} - \cos\frac{\pi l}{\lambda}\right)$$

$$= \frac{B\lambda^2}{(L-l)\pi^2}\left(\cos\frac{\pi l}{\lambda} - \cos\frac{\pi L}{\lambda}\right),$$

$$b = \int_{-\frac{L}{2}}^{+\frac{L}{2}} \beta x \sin\frac{2\pi x}{\lambda}\,dx = B\int_{-\frac{L}{2}}^{+\frac{L}{2}} x\sin\frac{2\pi x}{\lambda}\,dx + \frac{Bl}{L-l}\left(\int_{\frac{l}{2}}^{\frac{L}{2}} x\sin\frac{2\pi x}{\lambda}\,dx + \int_{-\frac{L}{2}}^{-\frac{l}{2}} x\sin\frac{2\pi x}{\lambda}\right)dx - \frac{2B}{L-l}\left(\int_{\frac{l}{2}}^{\frac{L}{2}} x^2\sin\frac{2\pi x}{\lambda}\,dx\right.$$

$$\left.-\int_{-\frac{L}{2}}^{-\frac{l}{2}} x^2\sin\frac{2\pi x}{\lambda}\right) = \frac{B\lambda^2}{2\pi^2}\left(\sin\frac{\pi L}{\lambda} - \frac{\pi L}{\lambda}\cos\frac{\pi L}{\lambda}\right) + \frac{Bl\lambda^2}{(L-l)2\pi^2}\left(\sin\frac{\pi L}{\lambda} - \sin\frac{\pi l}{\lambda} + \frac{\pi L}{\lambda}\cos\frac{\pi L}{\lambda} + \frac{\pi l}{\lambda}\cos\frac{\pi l}{\lambda}\right)$$

$$= \frac{B\lambda^2}{(L-l)2\pi^2}\left[-L\sin\frac{\pi L}{\lambda} + l\sin\frac{\pi l}{\lambda} - \frac{2\lambda}{L}\left(\cos\frac{\pi L}{\lambda} - \cos\frac{\pi l}{\lambda}\right)\right].$$

In diesen Gleichungen können wir nun beliebig das Verhältnis $\frac{l}{L}$ verändern; setzen wir z. B $l = 0$, so erhalten wir den punktiert angedeuteten rhombischen Körper und es wird

$$a = \frac{B\lambda^2}{\pi L^2}\left(\cos\frac{\pi L}{\lambda} - 1\right),\quad b = \frac{B\lambda^2}{2\pi^2 L}\left[-L\sin\frac{\pi L}{\lambda} - \frac{2\lambda}{\pi}\left(\cos\frac{\pi L}{\lambda} - 1\right)\right];$$

und setzen wir $l = L$, so erhalten wir für das so entstehende Pararallelepiped

$$a = \frac{B\lambda^2}{\pi^2}\,\frac{\cos\frac{\pi l}{\lambda} - \cos\frac{\pi L}{\lambda}}{L-l}\,(l = L) = \frac{0}{0} = \frac{B\lambda^2}{\pi^2}\,\frac{\frac{\pi}{\lambda}\left(-\sin\frac{\pi l}{\lambda}\right)}{-1}\,(l = L) = \frac{B\lambda}{\pi}\sin\frac{\pi L}{\lambda},$$

$$b = \frac{B\lambda^2}{2\pi^2}\,\frac{-L\sin\frac{\pi L}{\lambda} + l\sin\frac{\pi l}{\lambda} - \frac{2\lambda}{\pi}\left(\cos\frac{\pi L}{\lambda} - \cos\frac{\pi l}{\lambda}\right)}{L-l}\,(l = L) = \frac{0}{0}$$

$$= \frac{B\lambda^2}{2\pi^2}\,\frac{\sin\frac{\pi l}{\lambda} + l\frac{\pi}{\lambda}\cos\frac{\pi l}{\lambda} - 2\sin\frac{\pi l}{\lambda}}{-1}\,(l = L) = \frac{B\lambda^2}{2\pi^2}\left(\sin\frac{\pi L}{\lambda} - \frac{\pi L}{\lambda}\cos\frac{\pi L}{\lambda}\right),$$

also dieselben Werte, die wir schon auf direktem Wege auf S. 19 erhalten haben.

Für die allgemeine Form Fig. 20 ergibt sich nun ferner

$$Q = \frac{k^2 r a}{F} = k^2 r\,\frac{\frac{B\lambda^2}{(L-l)\pi^2}\left(\cos\frac{\pi l}{\lambda} - \cos\frac{\pi L}{\lambda}\right)}{\frac{B(L+l)}{2}} = C_1\lambda^2\,\frac{\cos\frac{\pi l}{\lambda} - \cos\frac{\pi L}{\lambda}}{L^2 - l^2} = C_1 f'\left(\frac{l}{L}\right)\ ^{1)}$$

$$R = \frac{m^2 r b}{J_w} = m^2 r\,\frac{\frac{B\lambda^2}{(L-l)2\pi^2}\left[-L\sin\frac{\pi L}{\lambda} + l\sin\frac{\pi l}{\lambda} - \frac{2\lambda}{\pi}\left(\cos\frac{\pi L}{\lambda} - \cos\frac{\pi l}{\lambda}\right)\right]}{\frac{B}{48}(L^3 + L^2 l + L l^2 + l^3)}$$

$$= C_2\lambda^3\,\frac{-L\sin\frac{\pi L}{\lambda} + l\sin\frac{\pi l}{\lambda} - \frac{2\lambda}{\pi}\left(\cos\frac{\pi L}{\lambda} - \cos\frac{\pi l}{\lambda}\right)}{L^4 - l^4} = C_2 f''\left(\frac{l}{L}\right)\ ^{1)}.$$

Es sind also nun $f'\left(\frac{l}{L}\right)$ und $f''\left(\frac{l}{L}\right)$ die einzigen Variablen in den Gleichungen für z_0 und φ_0, und die Kurven Fig. 21, die $f'\left(\frac{l}{L}\right)$ und $f''\left(\frac{l}{L}\right)$ als Funktionen des Verhältnisses $\frac{l}{L}$ darstellen, gelten daher auch zu gleicher Zeit für z_0

---

[1]) Obgleich λ hier eine konstante Größe, ist es doch in die Funktionen $f'\left(\frac{l}{L}\right)$ und $f''\left(\frac{l}{L}\right)$ mit hineingezogen, um für diese beim Einsetzen der verschiedenen Werte des Verhältnisses $\frac{\lambda}{L}$ unbenannte Größen zu erhalten. Die Konstante C_1 ist ebenfalls eine unbenannte Zahl, C_2 enthält dagegen im Nenner die Wellenlänge λ, wie ja auch Q immer eine Größe der 0ten, R der (−1)ten Dimension sein muß.

und φ_0; es wäre für letztere nur der Maßstab nach der jeweiligen Größe der Konstanten $\frac{C_1}{\sqrt{(k^2-n^2)^2+w_1^2 n^2}}$ bez. $\frac{C_2}{\sqrt{(m^2-n^2)^2+w_2^2 n^2}}$ zu wählen. Den Kurven ist in einem Falle eine Wellenlänge $\lambda = L$, im andern eine solche $= 1{,}5\ L$ zugrunde

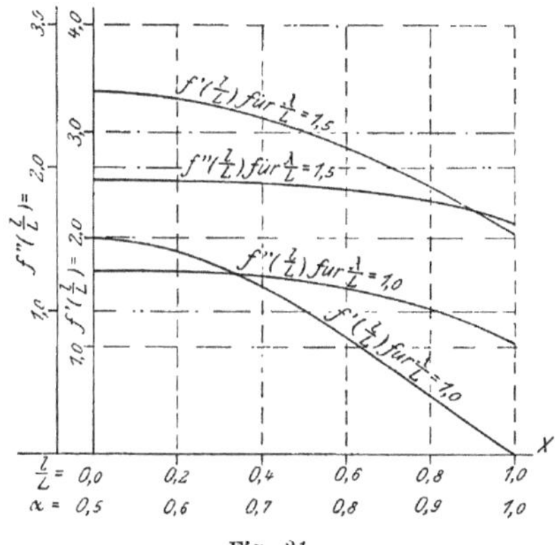

Fig. 21.

gelegt. Sämtliche Kurven zeigen ein Abnehmen der Amplituden mit wachsendem $\frac{l}{L}$, bei den Stampfschwingungen in unbedeutendem, bei den Tauchschwingungen in recht stark ausgeprägtem Maße. Und zwar kommt diese Erscheinung erheblich stärker zum Ausdruck bei dem Verhältnis $\frac{\lambda}{L} = 1$ als bei dem $= 1{,}5$, je kleiner also die Länge des Körpers im Verhältnis zur Wellenlänge ist, um so mehr schwächt sich der Einfluß der Wasserlinienform ab. Das entspricht dem Ergebnis, das wir kurz vorher auf S. 58/59 erhalten hatten, daß nämlich bei einer sehr kleinen Länge des Körpers im Vergleich zu der der Welle die Wasserlinienform ganz gleichgültig für die Größe der Amplitude ist, vorausgesetzt nur, daß das Verhältnis $\frac{F}{V}$ konstant bleibt.

Jedem Wert des Verhältnisses $\frac{l}{L}$ entspricht ein bestimmter Völligkeitsgrad der Wasserlinie α, der jedesmal beigeschrieben ist, und da $\frac{\alpha}{\delta}$ hier als konstant vorauszusetzen war, damit zugleich auch ein bestimmter Völligkeitsgrad des Deplacements. Man sieht daher, daß, je schärfer ein Schiff, um so größer die Schwingungen sein werden, in die es unter Wirkung der Wellen gerät. Doch tritt, wie gesagt, diese Erscheinung merklich nur bei den Tauchschwingungen zu Tage.

3) Verhalten ähnlicher Körper in ähnlichen Wellen.

Es ist dies nur ein spezieller Fall aus dem großen Bereich der Möglichkeiten, die bei einer gleichzeitigen Aenderung der Schiffs- und Wellenform denkbar sind. Ich möchte ihn aber deshalb herausgreifen, weil er gestattet, aus dem Verhalten eines Schiffes im Seegange auf das eines andern zu schleßen, dessen Abmessungen zu denen des ersteren im Aehnlichkeitsverhältnis stehen. Es ist nur natürlich, daß wir dabei die Abmessungen der Wellen, in welche wir die Schiffe versetzt denken, in demselben Verhältnis sich ändern lassen.

Indem wir für das eine Schiff unsere gewöhnlichen Bezeichnungen beibehalten, wollen wir die für das zweite geltenden mit dem Index ' versehen. Es ist dann auf Grund der Formel (36a)

$$z_0 = \frac{Q}{\sqrt{(k^2 - n^2)^2 + w_1^2 n^2}}, \quad z_0' = \frac{Q'}{\sqrt{(k'^2 - n'^2)^2 + w_1'^2 n'^2}}$$

$$\frac{z_0'}{z_0} = \frac{Q'}{Q}\sqrt{\frac{(k^2 - n^2)^2 + w_1^2 n^2}{(k'^2 - n'^2)^2 + w_1'^2 n'^2}} = \frac{Q'}{Q}\frac{k^2}{k'^2}\sqrt{\frac{\left(1 - \frac{n^2}{k^2}\right)^2 + \frac{w_1^2}{k^2}\frac{n^2}{k^2}}{\left(1 - \frac{n'^2}{k'^2}\right)^2 + \frac{w_1'^2}{k'^2}\frac{n'^2}{k'^2}}}.$$

Hierin ist zunächst

$$\frac{Q'}{Q}\frac{k^2}{k'^2} = \frac{\frac{r'a'}{F'}}{\frac{ra}{F}} = \frac{r'}{r} = \frac{L'}{L},$$

wie sich aus der betreffenden Gleichung für $\frac{ra}{F}$ S. 57 ohne weiteres unter der hier zutreffenden Bedingung ergibt, daß $\frac{\lambda'}{L'} = \frac{\lambda}{L}$ ist. Ferner ist in dem Wurzelausdruck

$$\frac{\frac{n'^2}{k'^2}}{\frac{n^2}{k^2}} = \frac{\frac{4\pi^2(V_s' + 1{,}25\sqrt{\lambda'})^2}{\lambda'^2}}{\frac{4\pi^2(V_s + 1{,}25\sqrt{\lambda})^2}{\lambda^2}}\frac{L'}{L}\,^{1)} = \frac{\left(\frac{V_s'}{\sqrt{L'}} + 1{,}25\sqrt{\frac{\lambda'}{L'}}\right)^2\left(\frac{L'}{\lambda'}\right)^2}{\left(\frac{V_s}{\sqrt{L}} + 1{,}25\sqrt{\frac{\lambda}{L}}\right)^2\left(\frac{L}{\lambda}\right)^2}.$$

Wir nehmen nun, abgesehen von $\frac{\lambda'}{L'} = \frac{\lambda}{L}$, weiter an, daß $\frac{V_s'}{\sqrt{L'}} = \frac{V_s}{\sqrt{L}}$, d. h. daß V_s' und V_s korrespondierende Geschwindigkeiten sind, wie wir sie aus den Widerstandstheorieen, Schleppversuchen usw. kennen. Es ist dann $\frac{n'^2}{k'^2} = \frac{n^2}{k^2}$. Auf Grund derselben Voraussetzung, daß V_s' und V_s korrespondierende Geschwindigkeiten, ergibt sich dann auch $\frac{w_1'^2}{k'^2} = \frac{w_1^2}{k^2}$, wie sich mit Hülfe der Formel (39) ableiten läßt — es sei dies hier nur angedeutet und nicht weiter ausgeführt. Alles zusammenfassend haben wir schließlich

$$\frac{z_0'}{z_0} = \frac{L'}{L}.$$

Die Ableitung für das Verhältnis $\frac{\varphi_0'}{\varphi_0}$ der Amplituden der Stampfschwingungen gestaltet sich, wenn wir, wie gewöhnlich, $m^2 = ck^2$, also $\frac{m'^2}{m^2} = \frac{k'^2}{k^2}$ voraussetzen, vollständig analog, nur ergibt sich

$$\frac{R'}{R}\frac{m^2}{m'^2} = \frac{r'}{r}\frac{\frac{b'}{J_w'}}{\frac{b}{J_w}} = \frac{r'}{r} = \frac{\frac{\lambda'^2}{L'^3}}{\frac{\lambda^2}{L^3}}\left(\text{s. Gl. für } \frac{rb}{J_w},\ \text{S. } 57\right) = 1,$$

folglich auch

$$\frac{\varphi_0'}{\varphi_0} = 1.$$

---

[1]) Da $\frac{k^2}{k'^2} = \frac{\frac{gF}{V}}{\frac{gF'}{V'}} = \frac{L'}{L}$.

Das Ergebnis der Rechnung ist also:

Bewegen sich zwei ähnliche Schiffe mit korrespondierenden Geschwindigkeiten in Wellen, die in demselben Aehnlichkeitsverhältnis zueinander stehen, so verhalten sich die Amplituden der Tauchschwingungen wie die linearen Abmessungen des Schiffes, die der Stampfschwingungen sind einander gleich.

Würde es z. B. gelingen, in einem Schleppversuchsbassin künstlich Rollwellen von gewünschter Größe zu erzeugen und an einem Modell, das man gegen diese Wellen mit verschiedenen Geschwindigkeiten schleppte, den Verlauf der Schwingungen etwa mit Hülfe photographischer Aufnahmen festzustellen, so würde man daraus auf Grund der eben gemachten Ableitung auf das Verhalten des wirklichen Schiffes im Seegange und zwar in Wellen, die den beim Versuch zugrunde gelegten nach dem Aehnlichkeitsverhältnis des Schiffes und des Modelles entsprechen, und bei Geschwindigkeiten, die mit denen des Versuches korrespondieren, schließen können. Ein derartiges experimentelles Verfahren zur Ermittlung der Schwingungen würde das rechnerische in sehr wünschenswerter Weise ergänzen namentlich in solchen Fällen, wo letzteres wegen sehr unregelmäßiger Form des Schiffskörpers mit Schwierigkeiten verknüpft ist, und würde vor allem auch über die Größe und Wirkung des Wasserwiderstandes sicherere Aufschlüsse gewähren.

B) Die Wirkung der Schwingungen auf die Längsbeanspruchung des Schiffskörpers.

Nach den schon in der Einleitung vorausgeschickten Bemerkungen beschränken wir die Anwendung der im ersten Hauptteil gewonnenen Resultate auf die Untersuchung der Frage, welchen Einfluß die in den Wellen auftretenden Schwingungen des Schiffes auf die Längsfestigkeit desselben haben. Unsere Aufgabe wäre daher lediglich die Ermittlung der dynamischen oder Zusatzbiegungsmomente, deren Definition ebenfalls schon in der Einleitung (S. 6) gegeben wurde. Eine richtige Schätzung derselben und des Unterschiedes, den ihre Berücksichtigung gegenüber der bisherigen rein statischen Rechnung zur Folge hat, können wir aber erst dann gewinnen, wenn wir sie in Verbindung mit dem statischen Moment betrachten. Dessen Ermittlung ist daher in unsere Untersuchung notwendigerweise mit aufzunehmen, eine Aufgabe, deren Lösung beim graphischen Verfahren in der altbekannten Weise erfolgt, beim analytischen dagegen eine besondere Ableitung erforderlich macht.

Wir wollen allgemein solche Momente positiv nennen, welche in der unteren Faser Zug, in der oberen Druck hervorrufen. Betrachten wir immer die rechts von dem zu untersuchenden Querschnitt wirkenden Momente, so sind danach die linksdrehenden positiv, die rechtsdrehenden negativ. Auf Grund einer auf S. 15 zu findenden Bemerkung ist übrigens, wenigstens unter der Voraussetzung, daß das Schiff gegen die Wellen sich bewegt — und dieser Fall kann allein, wie aus Fig. 11 und 12 (S. 50) zu ersehen, für die Erzeugung größerer Schwingungen und damit auch nennenswerter dynamischer Wirkungen in Betracht kommen — immer die rechte Schiffshälfte als das Hinterschiff, die linke als das Vorschiff zu betrachten.

I) Analytisches Verfahren.

Wir machen hierbei genau dieselben vereinfachenden Annahmen, die schon der analytischen Entwicklung der Schwingungsgleichungen unter A I b) zugrunde gelegt waren. Demgemäß unterliegen auch die Resultate, die wir hier erhalten werden, in bezug auf ihre Gültigkeit denselben Beschränkungen. Weitere Vereinfachungen werden noch an Ort und Stelle zu erwähnen sein.

Wir setzen wieder eine beliebige dynamische Lage des Schiffes in der Welle voraus und untersuchen das in einem Querschnitt im Abstande q von Mitte auftretende Gesamtbiegungsmoment M_q^{tot}, das sich zusammensetzt aus dem statischen Moment M_q und den beiden dynamischen Zusatzmomenten M_q' und M_q'', von denen ersteres das durch die Tauchschwingungen, letzteres das durch die Stampfschwingungen hervorgerufene Moment bedeutet. Diese 3 Beiträge sind der Reihe nach zu ermitteln.

Zunächst das statische Moment M_q. Die Lage des Körpers in Fig. 22 möge die statische Gleichgewichtslage darstellen, so sehen wir, daß wir uns M_q be-

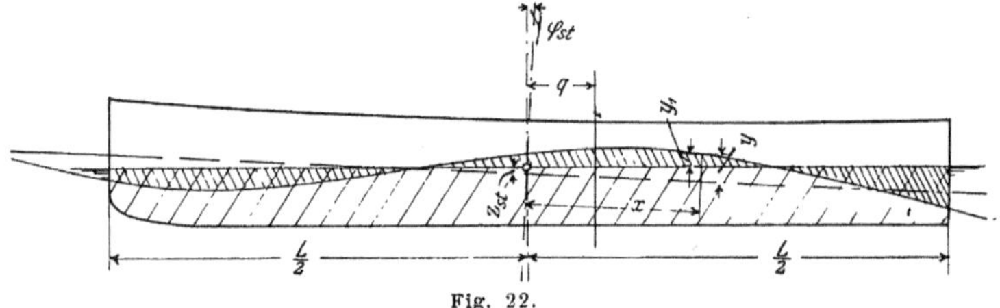

Fig. 22.

stehend denken können aus dem konstanten Moment M_q^0 des weit schraffierten Teiles, d. h. dem Biegungsmoment des im glatten Wasser im Gleichgewicht schwimmenden Körpers, und dem Moment des dicht schraffierten Teiles, welches das statische Moment der Wellenzone darstellt und das wir mit M_q^w bezeichnen wollen. In analoger Weise wie bei der mit Fig. 3 zusammenhängenden Rechnung ergibt sich für dies letztere Moment der Wert

$$M_q^w = \gamma \int_q^{\frac{L}{2}} \beta y_1 (x-q)\, dx = \gamma \int_q^{\frac{L}{2}} \beta (y - z_{st} - \varphi_{st} x)(x-q)\, dx,$$

worin, wie bisher schon immer, z_{st} und φ_{st} die Tauchungsänderung und die Neigung gegen die Horizontale bedeuten, die der Körper in der statischen Gleichgewichtslage in der Welle gegenüber der im ruhigen Wasser erleidet. Ueber den Wert von z_{st} und φ_{st} siehe S. 22, sowie auch Gl. (48) und (49) (S. 51). Unter Berücksichtigung der dort vernachlässigten Größen a' und b' bezw. Q und R' erhalten wir die allgemeinere Form

$$z_{st} = \frac{ra}{F} \cos \frac{2\pi t}{T} + \frac{ra'}{F} \sin \frac{2\pi t}{T} = \frac{Q}{k^2} \cos nt + \frac{Q'}{k^2} \sin nt \quad . \quad (50),$$

$$\varphi_{st} = \frac{rb}{J_w} \sin \frac{2\pi t}{T} + \frac{rb'}{J_w} \cos \frac{2\pi t}{T} = \frac{R}{m^2} \sin nt + \frac{R'}{m^2} \cos nt \quad . \quad (51).$$

Für y setzen wir wieder den aus Gl. (9) ersichtlichen Wert, so ist

$$\int_q^{\frac{L}{2}} \beta (x-q)\, y\, dx = r \cos \frac{2\pi t}{T} \left(\int_q^{\frac{L}{2}} \beta x \cos \frac{2\pi x}{\lambda}\, dx - q \int_q^{\frac{L}{2}} \beta \cos \frac{2\pi x}{\lambda}\, dx \right)$$

$$+ r \sin \frac{2\pi t}{T} \left(\int_q^{\frac{L}{2}} \beta x \sin \frac{2\pi x}{\lambda}\, dx - q \int_q^{\frac{L}{2}} \beta \sin \frac{2\pi x}{\lambda}\, dx \right)$$

$$= r (b_q' - q a_q) \cos nt + r (b_q - q a_q') \sin \frac{2\pi t}{T},$$

wenn wir dabei, analog den Gl. (12), (13), (16), (17) (S. 16 und 17), die Abkürzungen einführen

$$a_q = \int_q^{\frac{L}{2}} \beta \cos \frac{2\pi x}{\lambda} dx \quad . \quad . \quad . \quad . \quad . \quad . \quad . \quad . \quad (52),$$

$$a_q' = \int_q^{\frac{L}{2}} \beta \sin \frac{2\pi x}{\lambda} dx \quad . \quad . \quad . \quad . \quad . \quad . \quad . \quad . \quad (53),$$

$$b_q = \int_q^{\frac{L}{2}} \beta x \sin \frac{2\pi x}{\lambda} dx \quad . \quad . \quad . \quad . \quad . \quad . \quad . \quad . \quad (54),$$

$$b_q' = \int_q^{\frac{L}{2}} \beta x \cos \frac{2\pi x}{\lambda} dx \quad . \quad . \quad . \quad . \quad . \quad . \quad . \quad . \quad (55).$$

Es sind ferner die Integrale

$$\int_q^{\frac{L}{2}} \beta (x-q)\, dx = F_q (d-q),$$

worin F_q die Fläche des rechts vom Querschnitt q liegenden Teiles der Wasserlinie, d ihren Schwerpunktsabstand von Mitte Schiff bedeutet, und

$$\int_q^{\frac{L}{2}} \beta x (x-q)\, dx = J_{wq} - q F_q d = J_{wq}\left(1 - \frac{q d}{i_{wq}^2}\right),$$

worin J_{wq} das Trägheitsmoment der Fläche F_q, bezogen auf Mitte Schiff, i_{wq} der zugehörige Trägheitsradius.

Wir erhalten somit in

$$M_q = M_q^0 + \gamma r\left[(b_q' - q a_q) \cos n t + (b_q - q a_q') \sin n t\right]$$
$$-\left(\frac{Q}{k^2} \cos n t + \frac{Q'}{k^2} \sin n t\right) \gamma F_q (d-q) - \left(\frac{R}{m^2} \sin n t + \frac{R'}{m^2} \cos n t\right) \gamma J_{wq}\left(1 - \frac{q d}{i_{wq}^2}\right) \quad (56)$$

das Biegungsmoment im Querschnitt q des in beliebiger Lage, aber im statischen Gleichgewicht in der Welle schwimmenden Körpers.

Für den Hauptspantquerschnitt wird $q = 0$, daher, wenn wir gleichzeitig den Index o überall an Stelle von q einführen,

$$M_0 = M_0^0 + \gamma r (b_0' \cos n t + b_0 \sin n t) - \left(\frac{Q}{k^2} \cos n t + \frac{Q'}{k^2} \sin n t\right) \gamma F_0 d_0$$
$$- \left(\frac{R}{m^2} \sin n t + \frac{R'}{m^2} \cos n t\right) \gamma J_{w0} \quad . \quad (56\text{a}).$$

Zur Bestimmung der dynamischen Momente M_q' und M_q'' gehen wir auf die Differentialgleichungen (26) und (27) (S. 23) zurück.

Gl. (26) zeigt uns die bei einer beliebigen dynamischen Lage des Schiffes in der Welle wirkenden Vertikalkräfte, soweit dieselben zu den in der entsprechenden statischen Lage schon vorhandenen hinzukommen; also sowohl die beschleunigenden Kräfte des Auftriebes der Wellenzone und des Wasserwiderstandes als auch die Massenkräfte $\left(\frac{P}{g} \frac{d^2 z}{d t^2}\right)$, die bekanntlich in einer zur Beschleunigung entgegengesetzten Richtung hinzuzufügen sind, um die Gleichgewichtsbedingungen anwenden zu können. Wir haben hier nun die rechts vom Querschnitt q wirkenden Anteile dieser Kräfte sowie deren Momente in bezug auf denselben festzustellen. Zu diesem Zwecke schreiben wir die Gleichung, unter Einführung einiger rein äußerlicher Aenderungen, die nach den vorhergegangenen Ausführungen keiner näheren Erläuterung mehr bedürfen, in der Form

$$\frac{P}{g}\frac{d^2 z}{dt} + \gamma \psi F \frac{dz}{dt} + \gamma F (z - z_{,,}) = 0.$$

Wir sehen hieraus, daß das letzte Glied den Auftrieb einer Schicht von der Dicke $(z - z_{,})$ darstellt, und für den rechts des Querschnittes q liegenden Teil der Schicht haben wir, wie schon eben beim statischen Moment, statt der ganzen Fläche F eine solche F_q mit dem zugehörigen Hebelarm $(d - q)$ einzuführen. Ebenso kommt nur der auf die Fläche F_q fallende Teil des Wasserwiderstandes in Betracht, dessen Hebelarm, bezogen auf Querschnitt q, ebenfalls $(d - q)$ ist. Wir nennen endlich den rechts von q liegenden Teil des Schiffsgewichtes P_q und den Abstand seines Schwerpunktes von Mitte Schiff e. Es ist dann das Zusatzmoment

$$M_q' = -\frac{P_q (e - q)}{g}\frac{d^2 z}{d t^2} - \gamma F_q (d - q)\left[\psi \frac{dz}{dt} + (z - z_{,,})\right].$$

Der Ausdruck in der eckigen Klammer ist $= -\frac{\frac{P_q}{g}\frac{d^2 z}{d t^2}}{\gamma F} = -\frac{\frac{d^2 z}{d t^2}}{k^2}$; für $\frac{d^2 z}{d t^2}$ ergibt sich durch zweimalige Differentiation der Gl. (35) leicht der Wert $-n^2 z$, so daß

$$M_q' = n^2 z\left[\frac{P_q (e - q)}{g} - \frac{\gamma F_q (d - q)}{k^2}\right].$$

Hierin können wir noch schreiben, indem wir das Verhältnis $\frac{F_q}{F}$ mit α_F, $\frac{P_q}{P}$ mit α_P bezeichnen:

$$\frac{\gamma F_q (d - q)}{k^2} = \frac{\gamma F_q (d - q)}{\frac{g F}{V}} = \frac{P_q}{g}\frac{\alpha_F}{\alpha_P}(d - q),$$

und erhalten so schließlich:

$$M_q' = \frac{P_q}{g}\left[(e - q) - \frac{\alpha_F}{\alpha_P}(d - q)\right] n^2 z \quad . \quad . \quad . \quad . \quad . \quad (57),$$

und entsprechend für den Hauptspantquerschnitt

$$M_0' = \frac{P_0}{g}\left(e_0 - \frac{\alpha_F}{\alpha_P} d_0\right) n^2 z \quad . \quad . \quad . \quad . \quad . \quad . \quad . \quad . \quad (57\,a).$$

Ganz analog gestaltet sich die Berechnung des durch die Stampfschwingungen hervorgerufenen dynamischen Biegungsmomentes M_q''. Gl. (27), in etwas andrer Form geschrieben, lautet:

$$J\frac{d^2 \varphi}{d t^2} + \gamma \psi J_w \frac{d\varphi}{dt} + \gamma J_w (\varphi - \varphi_{,,}) = 0$$

und enthält die von den beschleunigenden wie von den Trägheitskräften herrührenden und auf Drehung des Körpers um seinen Schwerpunkt wirkenden Momente. Das Biegungsmoment im Querschnitt q erhalten wir wieder, indem wir nur die rechts von q wirkenden Kräfte herausnehmen. In welcher Weise dabei die Ausdrücke für die Trägheitsmomente J und J_w umzuformen sind, ergibt sich aus folgender Ueberlegung:

Es sei in Fig. 23 die Gewichtskurve des Schiffes dargestellt. Einer Winkelbeschleunigung ε entspricht im Abstande x von der Mitte eine Trägheitskraft

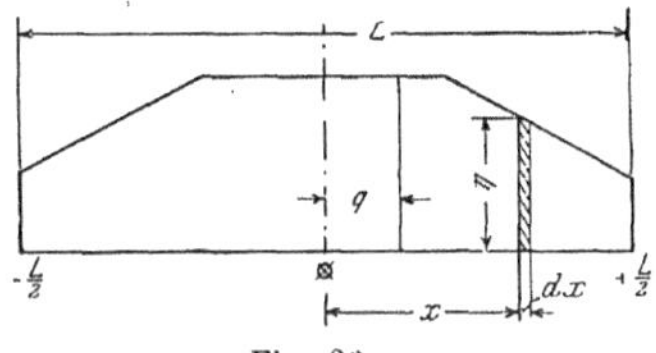

Fig. 23.

$\frac{\eta\, d x}{g}\, \varepsilon\, x$ und deren Moment bezogen auf den Querschnitt q ist $\frac{\eta\, d x}{g}\, \varepsilon\, x\, (x - q)$.

Folglich ist $\int_q^{\frac{L}{2}} \frac{\eta\, d x}{g}\, \varepsilon\, x\, (x - q)$ das gesuchte Moment sämtlicher rechts von q wirkender Trägheitskräfte bezogen auf q. Dies Integral läßt sich in der Form schreiben

$$\varepsilon \left[\frac{1}{g} \int_q^{\frac{L}{2}} \eta\, x^2\, d x - \frac{q}{g} \int_q^{\frac{L}{2}} \eta\, x\, d x\right] = \frac{d^2 \varphi}{d t^2} \left(J_q - \frac{q\, P_q\, e}{g}\right) = \frac{d^2 \varphi}{d t^2}\, J_q \left(1 - \frac{q\, e}{i_q^2}\right),$$

worin P_q und e die eben schon definierten Größen und J_q das Massenträgheitsmoment des rechts von q liegenden Teiles P_q des Schiffsgewichtes bezogen auf Mitte Schiff, i_q der zugehörige Trägheitsarm ist. Der Ausdruck $J_q \left(1 - \frac{q e}{i_q^2}\right)$ ist daher hier an Stelle von J zu setzen, und in ganz ähnlicher Weise ergibt sich, daß J_w durch $J_{wq} \left(1 - \frac{q d}{i_{wq}^2}\right)$ zu ersetzen ist, ein Ausdruck, auf den wir ja schon bei Bestimmung des statischen Biegungsmomentes gekommen waren. Wir erhalten dann

$$M_q'' = - J_q \left(1 - \frac{q e}{i_q^2}\right) \frac{d^2 \varphi}{d t^2} - \gamma\, J_{wq} \left(1 - \frac{q d}{i_{wq}^2}\right) \left[\psi \frac{d \varphi}{d t} + (\varphi - \varphi_w)\right].$$

Der Ausdruck in der eckigen Klammer ist $= - \frac{J \frac{d^2 \varphi}{d t^2}}{\gamma J_w} = - \frac{\frac{d^2 \varphi}{d t^2}}{m^2}$, und mit $\frac{d^2 \varphi}{d t^2} = - n^2 \varphi$ ergibt sich

$$M_q'' = n^2 \varphi \left[J_q \left(1 - \frac{q e}{i_q^2}\right) - \frac{\gamma J_{wq}}{m^2} \left(1 - \frac{q d}{i_{wq}^2}\right)\right]$$

Bezeichnen wir schließlich noch das Verhältnis $\frac{J_q}{J}$ mit α_i, $\frac{J_{wq}}{J_w}$ mit α_w, so wird

$$\frac{\gamma J_{wq}}{m^2} = \frac{\gamma J_{wq}}{\frac{\gamma J_w}{J}} = J_q \frac{\alpha_w}{\alpha_i},$$

und wir erhalten

$$M_q'' = J_q \left[\left(1 - \frac{q e}{i_q^2}\right) - \frac{\alpha_w}{\alpha_i} \left(1 - \frac{q d}{i_{wq}^2}\right)\right] n^2 \varphi \quad . \quad . \quad . \quad . \quad . \quad (58)$$

und für das Hauptspant

$$M_0'' = J_0 \left(1 - \frac{\alpha_w}{\alpha_i}\right) n^2 \varphi \quad . \quad . \quad . \quad . \quad . \quad . \quad . \quad . \quad . \quad . \quad . \quad (58\,a).$$

Das Gesamtbiegungsmoment M^{tot} wird erhalten durch Addition der aus den Gl. (56), (57) und (58) ersichtlichen Einzelmomente. Führen wir dabei beim statischen Moment die Verhältnisse $\frac{\alpha_F}{\alpha_P}$ und $\frac{\alpha_w}{\alpha_i}$ in derselben Weise wie bei den dynamischen Momenten ein, so wird

$$\begin{aligned} M_q^{tot} = M_q^0 &+ \gamma r \left[(b_q' - q a_q) \cos nt + (b_q - q a_q') \sin nt\right] \\ &+ \frac{P_q}{g}\left[(e - q) n^2 z - \frac{\alpha_F}{\alpha_P}(d - q)(n^2 z + Q \cos nt + Q' \sin nt)\right] \\ &+ J_q\left[\left(1 - \frac{q e}{i_q^2}\right) n^2 \varphi - \frac{\alpha_w}{\alpha_i}\left(1 - \frac{q d}{i_{wq}^2}\right)(n^2 \varphi + R \sin nt + R' \cos nt)\right] \quad (59), \end{aligned}$$

und für den Hauptspantquerschnitt

$$\begin{aligned} M_0^{tot} = M_0^0 + \gamma r (b_0' \cos nt + b_0 \sin nt) &+ \frac{P_0}{g}\left[e_0 n^2 z - \frac{\alpha_F}{\alpha_P} d (n^2 z + Q \cos nt + Q' \sin nt)\right] \\ &+ J_0\left[n^2 \varphi - \frac{\alpha_w}{\alpha_i}(n^2 \varphi + R \sin nt + R' \cos nt)\right] \quad (59a). \end{aligned}$$

Sollten bei einem Schiff die Verhältnisse so liegen, daß der Einfluß des Wasserwiderstandes unberücksichtigt bleiben kann — unter welchen Umständen dies zulässig ist, haben wir bereits früher (S. 50 und 51, Fig. 11 und 12) untersucht —, so lassen sich die letzten Formeln noch etwas vereinfachen. Es würde dann nach Gl. (34) bezw. (35) mit w_1 bezw. $w_2 = 0$ sein

$$z = \frac{Q \cos nt + Q' \sin nt}{k^2 - n^2}, \quad \varphi = \frac{R \sin nt + R' \cos nt}{m^2 - n^2},$$

und dementsprechend wird der Ausdruck

$$(n^2 z + Q \cos nt + Q' \sin nt) = \frac{k^2 (Q \cos nt + Q' \sin nt)}{k^2 - n^2} = k^2 z,$$

ebenso

$$(n^2 \varphi + R \sin nt + R' \cos nt) = m^2 \varphi,$$

und es würde damit die Gl. (59a) — wenn wir nur für den Hauptspantquerschnitt diese Vereinfachung niederschreiben — die Form annehmen:

$$\begin{aligned} M_0^{tot} = M_0^0 &+ \gamma r (b_0' \cos nt + b_0 \sin nt) \\ &+ \frac{P_0}{g}\left(n^2 e_0 - k^2 \frac{\alpha_F}{\alpha_P} d_0\right) z + J_0\left(n^2 - \frac{\alpha_w}{\alpha_i} m^2\right) \varphi \quad (59b). \end{aligned}$$

Ich möchte zur Ableitung dieser letzten Formeln (59) bis (59b) noch bemerken, daß man sie auf direkterem Wege erhalten könnte, wenn man, um das Moment des Auftriebes zu bekommen, nicht, wie hier geschehen, zu dem statischen Biegungsmomente des Schiffes in der Welle die dynamischen Zusatzmomente, sondern zu dem statischen Momente des Schiffes im glatten Wasser das Moment der Wellenzone addierte. Es kommt dies auf dasselbe hinaus, ist nur in der Ableitung einfacher. Wir sehen aus dieser Gegenüberstellung aber auch, daß in dem Momente der Wellenzone Beiträge sowohl des statischen wie der dynamischen Momente enthalten sind; ich habe es daher vorgezogen, bei der Ableitung gewissermaßen einen Umweg zu machen, dafür aber diese einzelnen Beiträge, auf deren Größe im Verhältnis zueinander es uns vor allem ankommt, scharf voneinander zu trennen.

Aus den Endformeln (59) bis (59b) ist Folgendes zu ersehen:

Wenn wir berücksichtigen, daß die Kurven für z und φ sinoidenförmig verlaufen, wir daher ihre Gleichungen in der Form schreiben können $z = A \cos nt + A' \sin nt$ und $\varphi = B \sin nt + B' \cos nt$, so sehen wir, daß auch das Gesamtbiegungsmoment einen derartigen Verlauf hat und sich wiedergeben läßt durch eine Gleichung der Form

$$M^{tot} = M^0 + C \cos nt + C' \sin nt.$$

Die Periode dieser Sinoide ist wieder gleich der relativen Periode der Wellenschwingungen. Das absolute Maximum des Biegungsmomentes ist $= M^0 \pm \sqrt{C^2 + C'^2}$, wobei das positive oder negative Vorzeichen einzusetzen ist, je nachdem das Moment M^0, das de Gleichgewichtslage des Schiffes im glatten Wasser entspricht, positiv oder negativ ist.

Die Größe M^0 ist auf dem bekannten Wege, die Konstanten C und C' auf Grund der vorhergegangenen Ableitung für jeden beliebigen Querschnitt des Schiffes zu bestimmen, und damit ist die analytische Entwicklung zu dem gewünschten Ziele geführt.

Auch dieser Ableitung liegt zunächst wieder der einfache Fall der Sinoidenwelle mit hydrostatisch verteiltem Druck zugrunde; es ist daher zu untersuchen, welchen Einfluß die Korrektionen, die für Berechnung der Schwingungsausschläge gemacht wurden (siehe A I c), auf die Größe der Biegungsmomente haben.

Die eine Frage, wie dem hydrodynamischen Druck in den Wellenschichten Rechnung zu tragen ist, erledigt sich ohne weiteres. Es ist eben auch hier durchweg die halbe Wellenhöhe r durch r' nach Gl. (47) (S. 41) zu ersetzen. Wie genau übrigens auch bei Bestimmung des statischen Momentes diese Annäherung zutrifft, ist aus dem praktischen Beispiel des Anhanges, Fig. 9 Taf. III, zu ersehen; die auf Grund der angenäherten und der genauen Welle ermittelten Deplacementsskalen sind praktisch genau die gleichen.

Zweitens der Einfluß der Trochoidenform der Welle. Derselbe kam, was die Stampfschwingungen anbelangte, in keiner irgendwie nennenswerten Weise in Betracht, verdient daher auch bei Bestimmung der durch diese Schwingungen erzeugten Zusatzmomente keine Berücksichtigung. Bei den Tauchschwingungen machte er sich insofern geltend, als er die Schwingungsnullage gegen die Gleichgewichtslage im glatten Wasser nach unten um das Maß e verschob, während die Schwingungsamplitude selbst so gut wie dieselbe blieb wie bei der Sinoide. In Gl. (57), die uns das durch die Tauchschwingungen hervorgerufene Biegungsmoment liefert, war nun der Faktor $n^2 z \left(= -\frac{d^2 z}{dt^2}\right)$ entstanden durch zweimalige Differentiation von z. Eine in der Gleichung für z etwa auftretende absolute Größe e würde dabei regelmäßig herausfallen, und daher wird auch dieses Moment M' in keiner Weise von der Trochoidenform der Welle beeinflußt werden können.

Bleibt das statische Moment M. Denken wir uns die Sinoidenwelle, in der ein Körper im statischen Gleichgewicht sich befunden und dabei in irgend einem Querschnitt q das Biegungsmoment M_q erfahren haben möge, in eine Trochoidenwelle übergehen, so ist der Unterschied beider Fälle zunächst dargestellt durch die zwischen den beiden Wellenkonturen befindliche Zone. Diese bedeutet für den Fall der Trochoide einen Verlust an Auftrieb gegenüber dem der Sinoide und dementsprechend auch eine Abnahme des Biegungsmomentes M_q. Andererseits aber erleidet der Körper in der Trochoidenwelle eine Tiefertauchung um das Stück e, und dies hat wiederum einen Zuwachs an Auftrieb sowie ein Wachsen des Biegungsmomentes M_q zur Folge. Im Mittelquerschnitt werden beide Einflüsse annähernd gleich groß sein, z. B. zeigt, wie ich hier nur andeuten will, eine nähere Untersuchung für das Parallelepiped, daß in dessen Mittelquerschnitt die in der Trochoidenwelle entstehenden statischen Momente außer den bei der Sinoidenwelle auftretenden Gliedern der Form $CBL^3\left(\frac{r}{L}\right)$ nur noch solche mit höheren Potenzen des Verhältnisses $\frac{r}{L}$ aufweisen, welche, bei der Kleinheit dieses Verhältnisses (∞ $^1/_{40}$), gegenüber dem Hauptgliede von nur geringer Bedeutung sind. Es ist daher bei allgemeineren Untersuchungen der Einfluß der Trochoidenform ganz unbedenklich zu vernachlässigen und die für die Sinoide entwickelten Formeln anzuwenden, wie dies auch bei allen im letzten Teil dieses Abschnittes enthaltenen Untersuchungen geschehen wird.

Es fragt sich nun, ob und in welchen Grenzen auch in rein praktischen Fällen die hier abgeleiteten Formeln anwendbar sind. Da wird man sagen müssen, daß man immer besser tun wird, die statischen Momente auf dem gewöhnlichen graphischen Wege zu berechnen. Denn das statische Moment liefert unter allen Umständen ja doch immer den Hauptbeitrag zum Gesamtmomente, und eine rein analytische Behandlung, die eben nur auf Grund vielfacher vereinfachender Annahmen möglich ist, würde hier der Genauigkeit zu großen Abbruch tun. Außerdem ist ja das gewöhnliche graphische Verfahren einfach genug, und es liegt daher kein Grund vor, von ihm abzugehen; nur wird man sich nicht damit begnügen dürfen, die statischen Momente, wie üblich, für die Lagen des Schiffes im Wellenberg und Wellental festzustellen, sondern man wird mindestens noch zwei, etwa für die beiden Lagen auf halber Wellenhöhe, hinzunehmen müssen, um für den Verlauf der statischen Momente beim Passieren der Welle einen genügenden Anhalt zu gewinnen und so in Verbindung mit den dynamischen Zusatzmomenten das Maximum des Gesamtmomentes ermitteln zu können.

Die dynamischen Momente selbst wird man dagegen, abgesehen von ganz extremen Fällen, deren Behandlung im nächsten Abschnitt gezeigt werden wird, immer nach den Formeln (57) und (58) mit genügender Genauigkeit berechnen können. Nach der vorausgegangenen Ermittlung der Schwingungsausschläge z und φ ist die Anwendung dieser Formeln ja äußerst einfach und erfordert nur für die Querschnitte, für die man die Rechnung durchführen will, die Feststellung der Werte P_q und J_q, e und d, sowie der Verhältnisse $\frac{\alpha_F}{\alpha_p}$ und $\frac{\alpha_w}{\alpha_i}$, eine Rechnung, zu deren Ausführung nur die Konstruktionswasserlinie und die Gewichtskurve des Schiffes erforderlich ist.

II) Graphisches Verfahren.

Dasselbe ist in den Fällen anzuwenden, in denen aus den schon an anderer Stelle (Seite 43) angeführten Gründen das analytische Verfahren zur Bestimmung der Schwingungen versagt. Der Berechnung der Biegungsmomente hat die auf S. 44 bis 47 skizzierte graphische Ermittlung der Kurven der Schwingungsausschläge z und φ als Funktionen der Zeit vorauszugehen. Diese Werte sowie die der Geschwindigkeiten v und ω und der Beschleunigungen p und ε, deren Kurven ja gleichzeitig mit denen von z und φ während der graphischen Integration entwickelt werden mußten, sind, mit einer demnächst anzugebenden Korrektur für die Beschleunigungen, der weiteren Untersuchung zugrunde zu legen.

Es sind jetzt, zum Zwecke der Ermittlung der Biegungsmomente, für jede Lage, die wir untersuchen wollen, die beschleunigenden Kräfte des Auftriebes der Wellenzone sowie des Wasserwiderstandes, deren Größe und Momente, bezogen auf den Schwingungsdrehpunkt, wir schon zur Durchführung der graphischen Integration gebraucht hatten, nun in ihrer Verteilung über die Schiffslänge darzustellen, d. h. graphisch aufzutragen. Wir tun dies für eine Reihe von aufeinanderfolgenden Zeitpunkten, es dürften im allgemeinen 8 für eine Wellenperiode genügen.

Wir fixieren auf Grund der Kurven von z und φ für jeden dieser 8 Zeitpunkte die Lage des Schiffes in der Welle und berechnen für jede dieser Lagen

1) die Spantareale, die sich im Bereiche der Wellenzone zwischen Konstruktionswasserlinie und Wellenwasserlinie befinden. Dieselben erhalten ein positives Vorzeichen, wenn sie einen Zuwachs, ein negatives, wenn sie einen Verlust an Auftrieb darstellen. Sie liefern uns, mit dem spezifischen Gewicht γ des Seewassers multipliziert, die Ordinaten h_0 der Kurve des Auftriebes der Wellenzone.

2) den Beitrag, den der Wasserwiderstand zu den beschleunigenden Kräften liefert. Die zur Bestimmung desselben nötigen Werte für die Geschwindigkeiten sind den Kurven für v und ω zu entnehmen. Es setzt sich dieser Beitrag wiederum zusammen

a) aus dem Widerstand gegen die vertikalen Schwingungen. Ist die Ordinate der Wellenwasserlinie an einer Stelle im Abstande x von der Mitte $= \beta'$, so ist der auf ein Teilchen von der Länge dx wirkende Wasserwiderstand $dW_1 = \gamma\psi v^2 dF = \gamma\psi v^2 \beta' dx$; die entsprechende Ordinate $h_1 = \gamma\psi v^2 \beta' = C_1 \beta'$, mit $C_1 = \gamma\psi v^2$. Da eine aufwärts gerichtete Kraft ein positives Vorzeichen zu erhalten hat, ist h_1 positiv für ein abwärts gerichtetes v, negativ für ein aufwärts gerichtetes. Im ersten Falle ist ferner für ψ der Wert 0,05, im zweiten ein solcher $=$ 0,022 zu setzen (vergl. S. 26).

b) aus dem Widerstand gegen die Stampfschwingungen. Dasselbe Flächenteilchen der Wellenwasserlinie, das wir unter a) betrachtet hatten, liefert hier einen Beitrag $dW_2 = \gamma\psi v'^2 dF = \gamma\psi\omega^2 x^2 \beta' dx$. Die entsprechende Ordinate ist daher $h_2 = \gamma\psi\omega^2\beta' x^2 = C_2 \beta' x^2$ mit $C_2 = \gamma\psi\omega^2$. Dabei ist, wie leicht aus den gegebenen Definitionen einzusehen, h_2 positiv bei positivem x für ein negatives ω, oder auch bei negativem x für ein positives ω, negativ in den entgegengesetzten Fällen.

Die Gesamtordinate der beschleunigenden Kräfte an der betreffenden Stelle ist dann $h = h_0 + h_1 + h_2$; für die verschiedenen Spanten berechnet und aufgetragen, ergibt das die Kurve der beschleunigenden Kräfte. Ermittelt man nach einer der bekannten Integrationsmethoden oder mit Hülfe des Planimeters bezw. Integrators die Fläche f dieser Kurve und ihr Moment m_f, bezogen auf Mitte Schiff, so stellt $p = \frac{f}{M} = \frac{gf}{P}$ die Vertikalbeschleunigung, $\varepsilon = \frac{m_f}{J}$ die Winkelbeschleunigung dar, und diese Werte müßten mit den aus den Kurven für p und ε für diese Lage zu entnehmenden Werten übereinstimmen. Praktisch werden sich kleine Unterschiede zeigen, vor allem aus dem Grunde, weil die graphische Integration nur für die erste Wellenperiode genau, für die weiteren dagegen mit Hülfe eines Annäherungsverfahrens (s. S. 45 und 46) durchgeführt war. Es wird sich empfehlen, die zuletzt, aus den Größen f und m_f, erhaltenen Werte für p und ε beizubehalten, denn für die praktische Durchführung der Rechnung ist es sehr störend, wenn nicht genaue Uebereinstimmung zwischen beschleunigenden und Beschleunigungskräften bezw. -momenten herrscht, denn in diesem Falle treten unausgeglichene Kräfte und

Momente auf, die die Richtigkeit des Resultats wesentlich beeinträchtigen können. Andererseits sind die Unterschiede zwischen den den Kurven der graphischen Integration entnommenen und jetzt auf Grund der Größen f und m_f korrigierten Werte von p und ε doch nicht so groß, daß man deshalb nun auch die Kurven für z und φ bezw. v und ω, als mit denen für p und ε enge zusammenhängend, gleichfalls als korrekturbedürftig ansehen müßte. Sondern man kann diese um so eher beibehalten, als ja schließlich ein derartiger Verlauf der Schwingungen, wie wir ihn auf die S. 24 und 25 geschilderte Weise, d. h. durch gänzliche Ausschaltung der Eigenschwingungen, gewonnen haben, nur bei absoluter Gleichförmigkeit der nacheinander das Schiff treffenden Wellen möglich ist. Bei einer in Wirklichkeit ja immer in gewissem Grade vorhandenen Unregelmäßigkeit der Wellenformen kommen sofort wieder die Eigenschwingungen mehr oder weniger zur Geltung und stören den regelmäßigen Verlauf der erzwungenen Schwingungen. Daher, wenn wir immer nur die letzteren bei unseren Untersuchungen berücksichtigt haben und weiter berücksichtigen werden, stellen diese doch nur einen sozusagen mittleren Fall von unendlich vielen andern möglichen Fällen dar. Es wäre deshalb zwecklos und ungerechtfertigt, in diesem Punkte einer vermeintlichen größeren Genauigkeit zuviel Zeit und Mühe zu opfern.

Dagegen macht die oben begründete Forderung einer möglichst genauen Uebereinstimmung zwischen beschleunigenden und Beschleunigungskräften bezw. -momenten noch eine weitere Korrektur der Werte p und ε nötig für den Fall, daß der Gewichtsschwerpunkt des Schiffes nicht im Hauptspantquerschnitt liegt. Ist der betreffende Abstand $= s$, so kommt zu dem bisherigen auf Mitte Schiff bezogenen Moment noch ein solches der Beschleunigungskräfte hinzu von der Größe $-\frac{Psp}{g} = -fs$, welches zu m_f hinzuzufügen ist; andererseits liefern die durch die Drehung hervorgerufenen Trägheitskräfte deshalb, weil die Drehung ja immer um eine durch Mitte Schiff gehende Querschiffsachse gedacht war, noch eine zusätzliche Vertikalkraft von der Größe $-\int_{-\frac{L}{2}}^{+\frac{L}{2}} \frac{\varepsilon x}{g} \eta \, dx$ (η = Ordinate der Gewichtskurve im Abstande x von der Mitte, s. S. 67, Fig. 23), d. i. $= -\frac{\varepsilon}{g}\int_{-\frac{L}{2}}^{+\frac{L}{2}} \eta x \, dx = -\frac{Ps}{g}\frac{m_f}{J} = -\frac{m_f s}{i^2}$; dieser Wert ist zu f zu addieren. Es werden also in solchem Falle sowohl p wie ε entsprechende weitere, meist ziemlich unwesentliche Aenderungen erfahren.

Auf Grund der so korrigierten Werte von p und ε ist jetzt die Kurve der Massenkräfte sehr einfach zu konstruieren. Einer Ordinate η der Gewichtskurve im Abstand x von der Mitte entspricht für ein unendlich kleines Längenteilchen dx eine Masse $\frac{\eta \, dx}{g}$, die Beschleunigung an dieser Stelle beträgt $p + \varepsilon x$, folglich die Trägheitskraft $-\frac{p + \varepsilon x}{g} \eta \, dx$, und es ist demnach $-\frac{p + \varepsilon x}{g} \eta$ die gesuchte Ordinate der Kurve der Trägheitskräfte. Nach den vorausgegangenen Maßnahmen muß diese Kurve mit der vorher konstruierten der beschleunigenden Kräfte nach Flächeninhalt und Lage des Schwerpunkts übereinstimmen. Tragen wir die Kurve der Trägheitskräfte nach der umgekehrten Richtung ab, so bildet die zwischen den beiden Kurven enthaltene Fläche die Belastung des Schiffes, die zu der im glatten Wasser schon vorhandenen hinzukommt. Die Biegungsmomente, die durch die neue Belastung in den verschiedenen Querschnitten entstehen, sind in der bekannten Weise zu ermitteln und zu den für die Lage im glatten Wasser berechneten hinzuzufügen. Führen wir diese Rechnung für alle 8 während einer Wellenperiode aufeinanderfolgenden Lagen durch, so werden wir den 8 in dieser Weise konstruierten Kurven der Gesamtbiegungsmomente nun für jeden beliebigen Querschnitt den Verlauf derselben, also auch ihren jedesmaligen Maximalwert, entnehmen können.

Diese ganze Rechnung ist an dem im Anhang enthaltenen Beispiel durchgeführt, daselbst befinden sich auch im Anschluß an die Details die sonst noch erforderlichen näheren Erläuterungen.

Die einzelnen Beiträge, die das statische und die dynamischen Momente zu dem Gesamtmoment liefern, lassen sich bei diesem graphischen Verfahren nicht ohne weiteres erkennen, weil, wie schon früher (S. 68) erwähnt, in dem Moment des Auftriebs der Wellenzone sowohl Beiträge des statischen wie der dynamischen Momente enthalten sind. Eine Methode, analog derjenigen, welche wir zur analytischen Ableitung dieser einzelnen Beiträge angewandt haben, wäre hier viel zu umständlich. Die dynamischen Momente selbst lassen sich hier auch überhaupt gar nicht voneinander trennen, weil die Schwingungsausschläge z und φ, also auch deren Wirkungen in bezug auf die dynamischen Beanspruchungen hier voneinander nicht unabhängig sind.

Will man den Beitrag des statischen Moments ermitteln, so hat man ihn durch besondere, in der üblichen Weise vorzunehmende Rechnung festzustellen. Für die ungünstigste Lage, in unserm Beispiel die Lage im Wellental, die der bisherigen rein statischen Methode zur Grundlage dienen würde, muß diese Rechnung ja schon aus diesem Grunde auf jeden Fall durchgeführt werden. Der Vergleich ergibt bei unserm Beispiel, daß das größte im Hauptspantquerschnitt auftretende statische Biegungsmoment von dem Gesamtbiegungsmoment, wie es sich durch Berücksichtigung der dynamischen Wirkung der Wellenbewegung ermittelt, um ca. 33 vH übertroffen wird; letztere bildet daher in diesem Falle einen nicht gut zu vernachlässigenden Faktor. Allerdings wird dieser Zuwachs durch die Wirkung des hydrodynamischen Druckes in den Wellenschichten zum Teil wieder ausgeglichen, und unter Berücksichtigung beider Einflüsse beträgt die Erhöhung gegenüber dem gewöhnlichen statischen und auf Grund hydrostatischen Druckes ermittelten Biegungsmoment nur noch 17,8 vH.

In der Schrift von Captain Kriloff »On stresses experienced by a ship in a seaway« (Inst. of Nav. Arch. 1898) findet sich schon eine ähnliche Methode angegeben, die aber nur zum Teil graphisch, zum andern Teil analytisch ist. Analytisch insofern, als Kriloff dabei von den auf analytischem Wege abgeleiteten Schwingungsgesetzen ausgeht und infolgedessen auch zu einem gesetzmäßigen und zwar sinoidenförmigen Verlauf der Biegungsmomente gelangt, wie dies auch bei unsrer im vorigen Abschnitt gegebenen Ableitung der Fall war. Um den Verlauf dieser Sinoidenkurven für die Biegungsmomente aber genauer festlegen zu können, ermittelt er 4 Punkte der Kurven, für die Zeitpunkte $t = 0, \frac{T}{4}, \frac{T}{2}, \frac{3T}{4}$, auf graphischem Wege und in ähnlicher Weise wie hier eben beschrieben. Gegen dieses Verfahren, das sich ja prinzipiell von dem hier angegebenen kaum unterscheidet, wäre nur das eine zu sagen, daß, im Falle ein gesetzmäßiger sinoidenförmiger Verlauf der Schwingungen wirklich vorausgesetzt werden darf, die Berechnung der dynamischen Zusatzmomente auf Grund der Formeln (57) und (58) viel einfacher und doch mit genügender Genauigkeit erfolgt und nur die statischen Momente auf dem gewöhnlichen graphischen Wege zu ermitteln wären; daß dagegen für extreme Fälle, wie es der in unserm Beispiel dargestellte ist, eine rein graphische Behandlung die gegebene und einzig mögliche ist. Ein Blick auf die Kurven Fig. 10 (Taf. III) des Anhangs zeigt uns, daß hier von einem sinoidenförmigen Verlauf der Biegungsmomente gar keine Rede mehr sein kann.

III) Folgerungen auf Grund des analytischen Verfahrens.

Die Formeln (56) für das statische Biegungsmoment und (57) und (58) für die dynamischen Zusatzmomente geben uns das Mittel an die Hand, um die Beiträge, die sie zu dem Gesamtbiegungsmomente liefern, einzeln und in ihrem Verhältnis zueinander zu untersuchen. Dieselben Einflüsse, die wir im Abschnitt A III) schon in ihrer Einwirkung auf die Schwingungsausschläge z und φ betrachtet hatten, werden auch hier wieder zur Geltung kommen, und wir werden daher vielfach auf die dort gemachten Ausführungen zurückkommen, wenn wir auch, neu auftretender Einflüsse halber und vor allem wegen des Hinzutretens des statischen Moments, nicht genau dieselbe Reihenfolge und Anordnung beibehalten können wie dort.

Als gemeinsame Eigenschaft weisen alle 3 Momente, als Funktionen der Zeit betrachtet, einen sinoidenförmigen Verlauf auf. Die Untersuchung hat sich daher, wie in dem eben erwähnten Abschnitt über die Schwingungen, auf Periode, Phase und Amplitude der Biegungsmomente zu erstrecken, welch letzterer den Schwingungen entlehnter Ausdruck hier den Maximalwert der Momente bedeutet.

Da bei allen 3 Momenten die Periode die gleiche, nämlich die der relativen Wellenbewegung ist, bedarf dieser Punkt keiner weiteren Erwähnung.

Bei Phase und Größe der Momente kann es uns lediglich auf das Verhältnis der dynamischen Momente zum statischen ankommen. Denn da alle bisherigen Festigkeitsrechnungen das letztere zur Grundlage haben, ist es vor allem von Interesse zu sehen, wie die dynamischen Zusatzmomente zu diesem stehen. Es hat daher keinen Zweck, Einflüsse, die bei sämtlichen Momenten zur Geltung kommen, getrennt an den einzelnen zu untersuchen. Wenn ich trotzdem einige Bemerkungen, die nur die dynamischen Momente angehen, vorausschicke, so geschieht dies einmal, um eben einen Fall zu behandeln, bei dem das statische Moment nicht berührt wird, und dann, um einige charakteristische Eigenschaften der dynamischen Momente besonders hervorzuheben.

Ich möchte endlich noch folgende allgemeine Bemerkungen vorausschicken:

Bei einem Vergleich der dynamischen Zusatzmomente mit dem statischen Moment können wir nur zum Ziele gelangen, wenn wir von den allereinfachsten Annahmen ausgehen. Dazu eignen sich wieder die schon bisher vielfach als Beispiele herangezogenen Körper mit mathematisch bestimmbaren Formen am besten. Und wenn auch ein an solchen Körpern ausgeführter Vergleich etwas roh erscheinen mag, so werden wir dadurch doch wenigstens einen Begriff erhalten, in welchem Maß und in welcher Richtung der Einfluß der dynamischen Momente sich geltend macht. Ferner: Am übersichtlichsten gestalten sich die

Verhältnisse für den Hauptspantquerschnitt. Sie sind hier aber auch am maßgebendsten, wie sich aus folgender Ueberlegung ergibt: Es ist vorwegzunehmen, daß das statische Moment doch immer bei weitem den größten Beitrag zum Gesamtmomente liefert Dieses Moment hat nun aber, wenigstens bei den Lagen des Schiffes, die für die statische Berechnung in Betracht kommen, d. h. im Wellenberg und Wellental, sein Maximum regelmäßig im Hauptspantquerschnitt oder doch unmittelbar in dessen Nähe, während es nach den Enden zu recht schnell abfällt Es müssen aber aus praktischen Gründen die auf Grund des im Hauptspant herrschenden Biegungsmomentes errechneten Verbandstärken auf eine wesentlich längere Strecke beibehalten werden, als es nach dem Verlauf der statischen Biegungsmomentenkurve erforderlich wäre. So wird in den vom Hauptspant schon etwas entfernter liegenden Querschnitten immer ein Ueberschuß an Festigkeit vorhanden sein. Denken wir uns nun die dynamischen Zusatzmomente hinzutreten, so wird, sollten die in den mehr seitlichen Querschnitten auftretenden Zusatzmomente höhere Beträge erreichen als im Hauptspant, was sehr wohl möglich ist, diese Differenz durch den angedeuteten Ueberschuß an Festigkeit in den seitlichen Querschnitten im allgemeinen reichlich ausgeglichen sein Aus diesem Grund ist die Ermittlung der Verhältnisse, wie sie im Hauptspant zutage treten, von ausschlaggebender Bedeutung, und es erscheint berechtigt, eine allgemeine Untersuchung, wie es die in diesem ganzen Abschnitt zu führende ist, auf das Hauptspant zu beschränken.

a) Die dynamischen Zusatzmomente für sich allein.

1) Das durch die Tauchschwingungen hervorgerufene Zusatzmoment.

Aus der Gl. (57) für das Zusatzmoment M' sehen wir zunächst, daß dieses direkt proportional ist dem Schwingungsausschlag z. Doch lassen sich die über die Schwingungsamplitude z_0 gemachten Ausführungen nicht unmittelbar auf die Größe dieses Zusatzmomentes übertragen, weil die Größen, die z_0 beeinflussen, zum Teil auch in den neben z_0 auftretenden Faktoren der Gl. (57) enthalten sind.

Schalten wir zunächst alle die Fälle aus, in denen eine Aenderung von M' zugleich mit einer solchen des statischen Momentes M verbunden ist, so bleibt als der einzige Fall, in welchem M' ganz unabhängig von M sich ändert, der übrig, in welchem, unter sonst gleichbleibenden Bedingungen, nur die relative Wellengeschwindigkeit wechselt infolge wechselnder Schiffsgeschwindigkeit, ein Fall, welcher dem auf S. 49 bis 51 behandelten entspricht und dort durch die Kurve Fig. 11 dargestellt war. Außer z_0 ist es dann nur die Größe n^2, die einer gleichzeitigen Aenderung unterworfen ist. Wir brauchen daher die Ordinaten der genannten Kurve, außer mit dem konstanten Wert $C = \frac{P_q}{g}\left[(e-q) - \frac{\alpha_F}{\alpha_P}(d-q)\right]$, nur mit $n^2 = \frac{4\pi^2}{T^2}$ zu multiplizieren, um die entsprechende Kurve für M_m' — so wollen wir die »Amplitude« des Biegungsmomentes bezeichnen — zu erhalten, Fig. 24. Für $\frac{T_1}{T} = 0$, d. h. $T = \infty$ und $n = 0$ wird $M_m' = 0$, und dies ist selbstverständlich, denn dieser Fall entspricht dem statischen Gleichgewicht. Das Maximum von M_m' tritt wieder annähernd für $\frac{T_1}{T} = 1$, d. h. für den Fall des Synchronismus auf, jenseits dieses Punktes fällt die Kurve wieder schnell und nähert sich einer Geraden als Asymptote, die im Abstande $CQ \frac{n^2}{\sqrt{(k^2 - n^2)^2 + w_1{}^2 n^2}} (n = \infty)$ $= CQ \frac{1}{\sqrt{\left(\frac{k^2}{n^2} - 1\right)^2 + \frac{w_1{}^2}{n^2}}} (n = \infty) = CQ$ parallel zur Abszissenachse läuft. Aus der Kurve geht hervor, daß, wenn wir das größte dynamische Moment M_m', das bei einem Schiff auftreten kann, ermitteln wollen, wir dies bei der größten

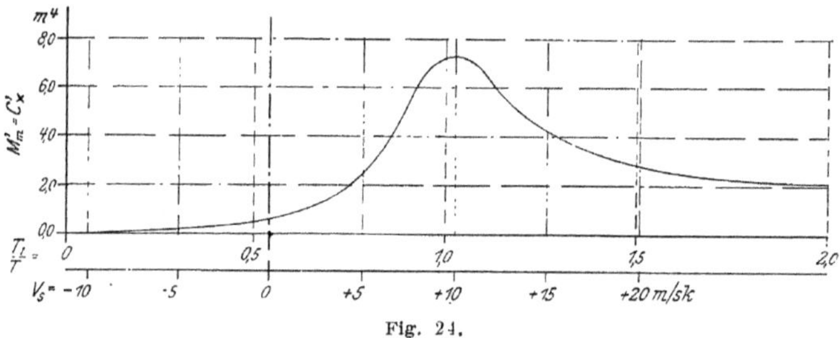

Fig. 24.

gegen die Wellen gerichteten Schiffsgeschwindigkeit zu suchen haben, nur in dem Falle, daß bei der größten Schiffsgeschwindigkeit der Zustand des Synchronismus schon überschritten ist, würde dieser Zustand selbst für das Maximalmoment maßgebend sein.

Im übrigen hängt M_m', abgesehen von $\frac{P_q}{g}$, der Masse des rechts vom Querschnitt q befindlichen Teiles des Schiffskörpers, von dem Klammerausdruck $\left[(e - q) - \frac{\alpha_F}{\alpha_P}(d - q)\right]$ ab. Dieser kann sowohl positive als auch negative Werte annehmen und auch $= 0$ werden, in welchem Fall auch das ganze Zusatzmoment in diesem Querschnitt $= 0$ wird. Für den Hauptspantquerschnitt wird der Ausdruck, mit $q = 0$ und Einführung des Index 0, $= \left(e_0 - \frac{\alpha_F}{\alpha_P} d_0\right)$. Wir setzen nun wieder, wie bisher schon häufig, die Wasserlinie als zu Mitte Schiff symmetrisch voraus, und damit wird $\alpha_F = \frac{F_0}{F} = {}^1/_2$ und der ganze Ausdruck $= \frac{P_0 e_0 - \frac{P}{2} d_0}{P_0}$. Würden wir noch symmetrische Gewichtsverteilung annehmen, so wäre $\frac{\alpha_F}{\alpha_P} = 1$, und der Klammerausdruck würde einfach $= (e_0 - d_0)$, d. h. gleich dem Abstand der Schwerpunkte der Gewichts- und Wasserlinienfläche einer Schiffshälfte. Wir wollen aber den allgemeineren Fall einer unsymmetrischen Gewichtsverteilung beibehalten und nur den Ausdruck $\left(P_0 e_0 - \frac{P}{2} d_0\right)$ durch eine andere Größe ersetzen. Setzen wir nämlich nicht nur die Wasserlinie, sondern die ganze Unterwasserschiffsform als zur Mitte symmetrisch voraus und denken uns die Breitenordinaten in jedem Querschnitt immer proportional denen des Hauptspants nach unten abnehmen, so ist d_0 zugleich der Abstand des Deplacementschwerpunktes der betreffenden Schiffshälfte von Mitte Schiff, und der Ausdruck $\left(P_0 e_0 - \frac{P}{2} d_0\right)$ bedeutet nichts anderes als das im Hauptspant auftretende statische Biegungsmoment $M_0{}^0$ des Schiffes im glatten Wasser, nur mit umgekehrtem Vorzeichen. Tatsächlich sind auch bei richtigen Schiffsformen die Abstände des Wasserlinien- und Deplacementschwerpunktes einer Schiffshälfte von Mitte Schiff nur wenig voneinander verschieden, so daß wir, wenigstens in dieser überschläglichen Untersuchung, uns des statischen Biegungsmomentes $M_0{}^0$ als Ersatz des obigen Klammerausdrucks zu bedienen berechtigt sein dürften. Würde also dieses Moment $= 0$ sein, so wird damit auch das dynamische Zusatzmoment $M_0' = 0$, und wir könnten in diesem Falle wohl auf die ganze Untersuchung, soweit sie die Wirkung der Tauchschwingungen angeht, von vornherein verzichten.

Unter Einführung der so entwickelten vereinfachenden Annahmen lautet dann die Formel für das durch die Tauchschwingungen im Hauptspantquerschnitt hervorgerufene Zusatzmoment

$$M_0' = -\frac{M_0{}^0}{g} n^2 z \quad . \quad . \quad . \quad . \quad . \quad . \quad . \quad . \quad . \quad (57\,\mathrm{b}).$$

Diese Formel legen wir allen weiteren Untersuchungen dieses Abschnittes zugrunde.

2) Das durch die Stampfschwingungen hervorgerufene Zusatzmoment.

Die Formel (58) für das Moment M'', von der wir hier auszugehen haben, ist ihrem Charakter nach so völlig analog der Formel (57) für das Moment M', daß sich ein Teil der an sie zu knüpfenden Bemerkungen mit den unter 1) gemachten deckt. Dies gilt vor allem für den Faktor $n^2 q$, auf Grund dessen wir aus Kurve Fig. 12 für q_0 den Verlauf des Biegungsmoments M_m'' bei veränderlicher Schiffsgeschwindigkeit in derselben Weise ableiten können, wie in Kurve Fig. 24 für M_m' schon gezeigt. Die Ausführung ist in Fig. 25 erfolgt.

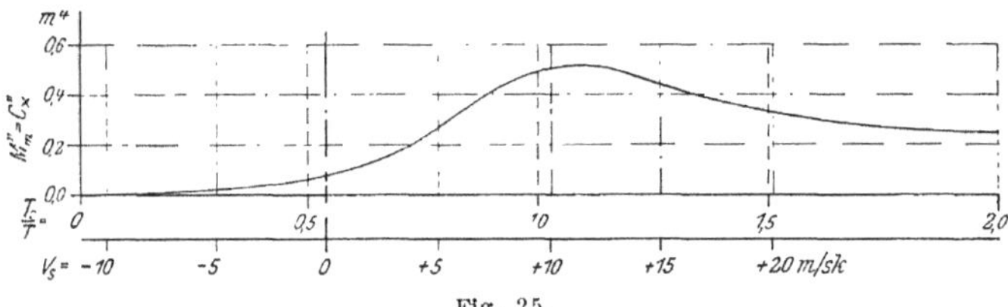

Fig. 25.

M'' ist ferner proportional dem Massenträgheitsmoment J_q des rechts vom Querschniitt q befindlichen Teils des Schiffsgewichts, und es ist ohne weiteres einleuchtend, daß schwere Gewichte an den Enden unter der Wirkung der beim Stampfen auftretenden Beschleunigungen und Verzögerungen ungünstig auf die Beanspruchung des Schiffskörpers wirken müssen. Es erleidet dies jedoch eine Einschränkung durch den Klammerausdruck $\left[\left(1 - \frac{q\,e}{i_q{}^2}\right) - \frac{\alpha_w}{\alpha_i}\left(1 - \frac{q\,d}{i_{wq}{}^2}\right)\right]$, dessen Bedeutung wir zu untersuchen haben. Für den Hauptspantquerschnitt, auf welchen wir nach den auf S. 74 und 75 gemachten Bemerkungen die Untersuchungen dieses Abschnittes zu beschränken berechtigt sind, wird dieser Ausdruck, mit $q = 0$, gleich $\left(1 - \frac{\alpha_w}{\alpha_i}\right)$. Es war nun $\frac{\alpha_w}{\alpha_i} = \frac{J_{w0}}{J_w} : \frac{J_0}{J}$, und wenn $\frac{J_{w0}}{J_w} = \frac{J_0}{J}$, d. h. wenn das Trägheitsmoment der rechten (linken) Wasserlinienhälfte, bezogen auf Mitte Schiff, zum Trägheitsmoment der ganzen Wasserlinie sich verhält wie die entsprechenden Massenträgheitsmomente des Schiffes, so wird das dynamische Zusatzmoment M'' im Hauptspantquerschnitt $= 0$; dieser Fall entspricht dem unter 1) angeführten, daß $M_0{}^0 = 0$ war, und führt zu derselben Konsequenz, daß er nämlich die ganze Untersuchung der Stampfschwingungen und ihrer Wirkungen überflüssig machen würde. Greifen wir nun noch den speziellen Fall einer Symmetrie der Wasserlinie zu Mitte Schiff heraus, wie sie ja bei den in dieser Arbeit häufig herangezogenen Beispielen mit mathematisch bestimmbaren Formen ganz ohne weiteres und auch sonst im allgemeinen wenigstens annähernd vorhanden ist, so ist $J_{w0} = \frac{J_w}{2}$, und es wird der Ausdruck $J_0\left(1 - \frac{\alpha_w}{\alpha_l}\right) = J_0\left(1 - \frac{J}{2\,J_0}\right) = J\left(\frac{J_0}{J} - 0{,}5\right)$, in welcher Form wir ihn fortan beibehalten wollen. Dieser Ausdruck, und damit das ganze Moment M_0'', wird $= 0$ für $J_0 = \frac{J}{2}$, d. h. wenn das Massenträgheitsmoment der einen Schiffshälfte, bezogen auf Mitte Schiff, gleich dem der anderen ist. Es ist dies eine Tatsache, auf die schon Read in seiner mehrfach erwähnten Schrift aufmerksam gemacht hat. Er nahm sie zum Anlaß, um sich mit der Untersuchung der Stampfschwingungen und ihrer Wirkungen von vornherein gar nicht zu beschäftigen, da er meinte, daß bei einem nach richtigen Grundsätzen konstruierten bezw. beladenen Schiffe die Massenverteilung immer annähernd symmetrisch sein müsse, und daher ein Biegungsmoment von irgendwie beträchtlicher Größe von den Stampfschwingungen überhaupt nicht erzeugt werden könnte. Nun trifft aber einmal, wie sich hier bei genauerer Ableitung ergeben hat, diese Tatsache nur zu für den Fall, daß zugleich auch die Wasserlinie symmetrisch zu Mitte Schiff ist. Vor allem aber werden wir sehen, daß schon eine verhältnismäßig geringe Abweichung von der Symmetrie der Massenverteilung recht erhebliche Biegungsmomente hervorzurufen imstande ist; und daß solche Abweichungen bei Schiffen mit großen Ladungen und ebenso auch bei Kriegschiffen mit ihren großen, vielfach unsymmetrisch zur Mitte liegenden Gewichten an den Enden wirklich auftreten können, wird nicht zu bestreiten sein.

Den weiteren Untersuchungen werden wir für das im Hauptspant auftretende Zusatzmoment M_0'' die auf den angeführten vereinfachenden Annahmen gegründete Formel zugrunde legen:

$$M_0'' = J\left(\frac{J_0}{J} - 0{,}5\right) n^2 \varphi \quad \ldots\ldots\ldots \quad (58\,\text{b}).$$

b) Die dynamischen Zusatzmomente in Verbindung mit dem statischen Moment.

Um den Vergleich der dynamischen Zusatzmomente mit dem statischen Moment zu ermöglichen, sind zunächst noch in die Gl. (56a) für das im Hauptspant auftretende statische Moment die Vereinfachungen einzuführen, die wir soeben bei den dynamischen Momenten vorgenommen haben. Wir lassen einmal die die Größen Q' und R' enthaltenden Glieder, die nur bei zur Mitte unsymmetrischen Wasserlinienformen auftreten können, fort. Ferner ist bei Symmetrie der Wasserlinie $b_0 = \frac{b}{2}$ (siehe Gl. (16) und (54)), $J_{w0} = \frac{J_w}{2}$ und das Glied $- \gamma J_{w0} \frac{R}{m^2} \sin nt$ $\left(\text{umgeformt} = - \gamma J_{w0} \frac{rb}{J_w} \sin nt = - \frac{\gamma r b}{2} \sin nt\right)$ hebt sich gegen $+ \gamma r b_0 \sin nt$ weg. Endlich können wir noch schreiben: $\frac{Q}{k^2} F_0 d_0 = \frac{ra}{F} F_0 d_0 = \frac{ra}{2} d_0$ und erhalten auf diese Weise

$$M_0 = M_0^0 + \gamma r \left(b_0' - \frac{a d_0}{2} \right) \cos nt \quad . \quad . \quad . \quad . \quad . \quad (56\text{b}).$$

Diese Formel läßt übrigens, was aus der komplizierten Form (56a) nicht ohne weiteres ersichtlich ist, die Berechtigung erkennen dazu, daß man der statischen Berechnung die Lage des Schiffes im Wellenberg oder Wellental zugrunde legt, denn in einer dieser beiden Lagen muß nach Gl. (56b) das Maximum des statischen Biegungsmomentes auftreten.

Auf Grund der Formeln (56b), (57b) und (58b) lassen sich nun das statische und die dynamischen Momente in übersichtlicher Weise in Verbindung bringen und ihre Beiträge zu dem Gesamtmaximalmoment in allgemeiner Form ableiten. Maßgebend ist dabei nicht nur das Größen-, sondern ebenso sehr auch das Phasenverhältnis der Momente; da diese beiden Werte aber auch wieder selbst nicht unabhängig voneinander sind, so läßt sich die Untersuchung auch gar nicht getrennt an jedem einzeln vornehmen, sondern hat immer beide gleichzeitig zu berücksichtigen.

Wir können jedoch, was das Phasenverhältnis anbetrifft, einige allgemeine Gesichtspunkte hervorheben, die von vornherein für den Sinn, in welchem die dynamischen Momente im Verhältnis zum statischen wirken, charakteristisch sind und die ich daher vorausschicken möchte.

Während die Phase, in welcher das statische Moment sich bewegt, immer dieselbe bleibt und zwar mit der der Wellenbewegung übereinstimmt — beide variieren mit $\cos nt$ — sind die Phasen der dynamischen Momente, da letztere proportional den Schwingungsausschlägen z und φ, in demselben Maße veränderlich wie die der Schwingungen selbst. Es ist daher auf die im Abschnitt A III b (S. 47 bis 49) über die Schwingungsphasen gemachten Ausführungen zu verweisen. Ohne uns jedoch zunächst mit der dort abgeleiteten genauen Größe der Phasenverschiebungen zu beschäftigen, wollen wir nur von der Tatsache ausgehen, daß z und φ und damit auch M_0' und M_0'' im allgemeinen sowohl Glieder mit $\cos nt$ als auch mit $\sin nt$ enthalten. Das Verhalten dieser Glieder in Verbindung mit dem statischen Moment der Wellenzone M_0''' ist, weil dieses ja nur mit $\cos nt$ variiert, ein ganz verschiedenes. Die Glieder mit $\cos nt$ bewegen sich mit M_0''' in gleicher oder um 180° versetzter Phase, kommen daher in ihrer vollen Größe zur Geltung; die Phase der Glieder mit $\sin nt$ ist dagegen gegen die von M_0''' um 90° oder 270° verschoben, sie kommen daher gewissermaßen nur indirekt zur Wirkung, und in Anbetracht der Tatsache, die wir vorwegnehmen wollen, daß die Größe dieser Glieder hinter der von M_0''' immer weit zurücksteht, können sie nur einen sehr geringen Beitrag zur Bildung des Gesamtmaximalmomentes liefern. Wir werden daher berechtigt sein, die Wirkung der dynamischen Momente vornehmlich nach dem Wert der Glieder mit $\cos nt$ zu beurteilen.

Während wir über das Größenverhältnis dieser Glieder zu M_0''' später Aufschluß erhalten werden, können wir schon gleich die wichtige Frage entscheiden, ob sie mit diesem Moment in gleicher oder um 180° versetzter Phase sich bewegen, d. h. ob sie in gleichem oder entgegengesetztem Sinne zu diesem wirken. Es hängt dies von dem Vorzeichen der Faktoren von $\cos nt$ ab, die wir daher jetzt daraufhin zu untersuchen haben.

Um das Vorzeichen des Ausdruckes $\left(b_0' - \frac{a d_0}{2} \right)$ in Gl. (56b) für M_0 festzustellen — wir haben die Ableitung desselben nicht nur seines Vorzeichens, sondern späterhin auch seiner Größe halber nötig —, wollen wir uns wieder der Parabelform bedienen, die ja von den geometrischen Formen der wirklichen Schiffsform am meisten nahekommt. Für diese ist

$$b_0' = \int_0^{\frac{L}{2}} \beta x \cos\frac{2\pi x}{\lambda}\,dx = B\int_0^{\frac{L}{2}} x\cos\frac{2\pi x}{\lambda}\,dx - \frac{4B}{L^2}\int_0^{\frac{L}{2}} x^3\cos\frac{2\pi x}{\lambda}\,dx$$

$$= \frac{B\lambda^2}{4\pi^2}\left[\frac{\pi L}{\lambda}\sin\frac{\pi L}{\lambda} + \cos\frac{\pi L}{\lambda} - 1\right] - \frac{4B}{L^2}\,\frac{\lambda^4}{16\pi^4}$$

$$\left[\left(\frac{\pi L}{\lambda}\right)^3 \sin\frac{\pi L}{\lambda} + 3\left(\frac{\pi L}{\lambda}\right)^2\cos\frac{\pi L}{\lambda} - 6\left(\frac{\pi L}{\lambda}\right)\sin\frac{\pi L}{\lambda} - 6\cos\frac{\pi L}{\lambda} + 6\right]$$

$$= \frac{B\lambda^2}{4\pi^2}\left[6\frac{\lambda}{\pi L}\sin\frac{\pi L}{\lambda} + 6\frac{\lambda^2}{\pi^2 L^2}\left(\cos\frac{\pi L}{\lambda} - 1\right) - 2\cos\frac{\pi L}{\lambda} - 1\right].$$

Den Wert von a siehe S. 31; d_0 ist $= {}^3/_{16}\,L$, folglich

$$\frac{a\,d_0}{2} = {}^3/_{16}\,\frac{B\lambda^2}{\pi^2}\left(\frac{\lambda}{\pi L}\sin\frac{\pi L}{\lambda} - \cos\frac{\pi L}{\lambda}\right)$$

und

$$b_0' - \frac{a\,d_0}{2} = \frac{B\lambda^2}{4\pi^2}\left[5{,}25\,\frac{\lambda}{\pi L}\sin\frac{\pi L}{\lambda} + 6\,\frac{\lambda^2}{\pi^2 L^2}\left(\cos\frac{\pi L}{\lambda} - 1\right) - 1{,}25\cos\frac{\pi L}{\lambda} - 1\right].$$

Eine Prüfung des Klammerausdruckes zeigt, daß er für Wellenlängen $\lambda > 0{,}35\,L$, d. h. für alle überhaupt in Betracht kommenden, immer negativ ist. Daß dies der Fall sein muß, zeigt uns auch der Augenschein. Denn $\gamma r\left(b_0' - \frac{a d_0}{2}\right)$ stellt das statische Moment der Wellenzone für den Zeitpunkt $t = 0$ dar, d. h. für die Lage des Schiffes im Wellenberg. Es ist klar, daß dies Moment solange negativ sein muß, bis bei immer kleiner werdender Wellenlänge der aufsteigende Teil der Welle an den Schiffsenden wieder genügend stark deplaziert.

Wir können somit schreiben:

$$M_0 = M_0{}^0 - M_c \cos\frac{2\pi t}{T},$$

wo M_c ein positiver Wert.

Die Gleichung für M_0' lautet, wenn wir das Glied mit $\sin nt$ ausschalten und das übrigbleibende Glied mit $M_0'_{(\cos)}$ bezeichnen,

$$M_0'_{(\cos)} = -\frac{M_0{}^0 Q}{g}\,\frac{n^2(k^2 - n^2)}{(k^2 - n^2)^2 + w_1{}^2 n^2}\cos nt = -\frac{M_0{}^0 Q}{g}\,f^{\cos}_{\left(\frac{n}{k}\right)}\cos nt,$$

worin

$$f^{\cos}_{\left(\frac{n}{k}\right)} = \frac{\frac{k^2}{n^2} - 1}{\left(\frac{k^2}{n^2} - 1\right)^2 + \frac{w_1{}^2}{n^2}} \qquad \ldots\ldots\ (60),$$

zum Unterschiede von

$$f_{\left(\frac{n}{k}\right)} = \frac{1}{\sqrt{\left(\frac{k^2}{n^2} - 1\right)^2 + \frac{w_1{}^2}{n^2}}} \qquad \ldots\ldots\ (60\text{a}),$$

welches den entsprechenden Ausdruck unter Berücksichtigung des Sinusgliedes bedeutet.

In der Gleichung für $M_0'_{(\cos)}$ ist Q für alle in Frage kommenden Wellenlängen positiv; denn für die kleinen Wellenlängen, für die es negativ werden würde (vergl. Fig. 15), sind die Werte des dynamischen sowohl wie des statischen Momentes bereits so klein, daß die Untersuchung eines derartigen Falles ohne Interesse ist. Wir können ferner auch den Ausdruck $f^{\cos}_{\left(\frac{n}{k}\right)}$ zunächst immer als positiv voraussetzen. Denn die Möglichkeit, daß er, für $k < n$, was schon ein Ueberschreiten des Zustandes des Synchronismus bedeuten würde, negativ ist, liegt sehr selten vor, soll übrigens später auch kurz Berücksichtigung finden. Wir können also schreiben:

$$M_0'_{(\cos)} = - c' M_0^0 \cos \frac{2\pi t}{T},$$

wo c' eine positive Größe.

Ein Vergleich mit der entsprechenden Formel für M_0 zeigt, daß als entscheidender Punkt der Sinn des Momentes M_0^0, d. h. des im glatten Wasser auftretenden statischen Momentes, übrig bleibt. Abgesehen von dem schon erwähnten Fall, daß dieses $= 0$ wird und dadurch die ganze Untersuchung, soweit sie die Tauchschwingungen angeht, überflüssig macht, haben wir ferner zu unterscheiden:

1) Ist M_0^0 positiv, so ist aus den beiden letzten Gleichungen für M_0 und $M_0'_{(\cos)}$ leicht zu erkennen, daß das statische und dynamische Moment sich in der gleichen Phase bewegen, daß also ihre Beträge sich im absoluten Sinne addieren. Das absolute Maximum der Summe beider Momente tritt auf für $t = \frac{T}{2}$, $\frac{3T}{2}$, ..., also im Wellental und hat die Größe $(M_0^0 + M_c + c' M_0^0)$, während der entsprechende Wert für die Lage im Wellenberg $(M_0^0 - M_c - c' M_0^0)$ beträgt.

2) Ist M_0^0 negativ, so bewegen sich die beiden Momente in entgegengesetzter Phase und ihre Beträge substrahieren sich im absoluten Sinne. Es hat daher die Summe beider Momente bei der Lage des Schiffes im Wellenberg die Größe $(- M_0^0 - M_0 + c' M_0)$, im Wellental $(- M_0^0 + M_0 - c' M_0)$.

Wenn wir in dem Wert für φ (Gl. 35a) das Glied mit $\sin nt$ unterdrücken, kommen wir für das übrigbleibende Glied des dynamischen Moments M_0'' zu der Formel

$$M_0''_{(\cos)} = - JR \left(\frac{J_0}{J} - 0{,}5\right) \frac{n^2 w_2 n}{(m^2 - n^2)^2 + w_2^2 n^2} \cos \frac{2\pi t}{T} = - JR \left(\frac{J_0}{J} - 0{,}5\right) f^{\cos}\!\left(\frac{n}{m}\right) \cos nt,$$

wo

$$f^{\cos}\!\left(\frac{n}{m}\right) = \frac{\frac{w_2}{n}}{\left(\frac{m^2}{n^2} - 1\right)^2 + \frac{w_2^2}{n^2}} \quad \ldots\ldots\ldots \quad (61)$$

zum Unterschiede von

$$f\left(\frac{n}{m}\right) = \frac{1}{\sqrt{\left(\frac{m^2}{n^2} - 1\right)^2 + \frac{w_2^2}{n^2}}} \quad \ldots\ldots\ldots \quad (61\text{a}),$$

in welchem Ausdruck das Sinusglied von φ mit berücksichtigt ist.

In der Gleichung für $M_0''_{(\cos)}$ ist sowohl R (vergl. Fig. 16), als auch $f^{\cos}\!\left(\frac{n}{m}\right)$ immer positiv, so daß wir setzen können

$$M_0''_{(\cos)} = - M_c'' \left(\frac{J_0}{J} - 0{,}5\right) \cos \frac{2\pi t}{T},$$

wo M_c'' eine positive Größe.

Es ergibt sich durch Vergleich mit dem vorhergehenden ohne weiteres: Ist J_0, das Massenträgheitsmoment der hinteren Schiffshälfte bezogen auf Mitte Schiff, $> \frac{J}{2}$, so entspricht dies dem für das Tauchschwingungsmoment entwickelten Fall 1), d. h. $M_0''_{(\cos)}$ schwingt mit dem statischen Moment in gleicher Phase und ihre Beträge addieren sich. Umgekehrt würde der andere Fall

$J_0 < \frac{J}{2}$, entsprechend Fall 2) für $M_0'_{(\cos)}$, ein Moment $M_0''_{(\cos)}$ bedingen, das immer in entgegengesetztem Sinne wirkt wie das statische.

Wir können an diese Ergebnisse gleich einige praktische Schlüsse knüpfen. Beurteilen wir die dynamische Wirkung der Wellenbewegung auf den Schiffskörper zunächst nur nach dem durch die Tauchschwingungen hervorgerufenen Zutatzmoment M_0', so sehen wir, daß dieses durchaus nicht immer, wie man etwa annehmen könnte, einen Zuwachs zum statischen Moment liefert. Vielmehr lehrt eine Betrachtung der unter 1) und 2) genannten Fälle, daß in Wirklichkeit gerade das Gegenteil am häufigsten eintreten wird.

Fall 2) ist weitaus der häufigere, denn bei den meisten Schiffen, Kriegs- und Handelschiffen, übertrifft in der Gleichgewichtslage im glatten Wasser das Moment des Gewichts einer Schiffshälfte, bezogen auf Mitte Schiff, das des Auftriebs, und als Folgeerscheinung zeigt sich das statische Moment des Schiffes im Wellenberg absolut größer als das im Wellental. Bei allen diesen Schiffen wirkt nun, wie sich aus Fall 2) ergeben hat, das Zusatzmoment $M_0'_{(\cos)}$ in entgegengesetztem Sinne wie der von der Wellenform abhängige Teil des statischen Moments. Das dynamische Moment M_0' führt daher eine Verminderung der Beanspruchung der Längsverbände herbei, die — bis zu einer später genauer anzugebenden, im allgemeinen praktisch selten überschrittenen Grenze — um so größer ist, je mehr dies Moment mit wachsender Schiffsgeschwindigkeit wächst, und daraus folgt, daß bei diesen Schiffen die statische Gleichgewichtslage in der Welle, welche bisher als Grundlage für die Festigkeitsrechnungen diente, den denkbar ungünstigsten Fall darstellt. Wenn dieser überhaupt möglich sein sollte. Denn er kann nur eintreten, wenn das Schiff in gleicher Richtung und mit gleicher Geschwindigkeit wie die Welle sich bewegt. Ist die Höchstgeschwindigkeit des Schiffes kleiner als die Wellengeschwindigkeit, so wird auch immer ein dynamisches Moment auftreten, das im entgegengesetzten Sinne wirkt wie das statische. Immerhin wächst, wie der Verlauf der Kurve Fig. 26 zeigen wird, in der dabei in Frage kommenden Zone das dynamische Moment nur recht langsam und kann daher die Entlastung durch dasselbe nur sehr gering sein, und so werden wir sagen können, daß, soweit es auf das Zusatzmoment M_0' ankommt, wir bei dieser Klasse von Schiffen die bisherige Methode der Festigkeitsrechnung, die die statische Gleichgewichtslage des Schiffes in der Welle zur Grundlage hatte, mit voller Berechtigung beibehalten dürfen.

Anders bei Schiffen, die unter Fall 1) fallen. Es sind dies in der Regel Schiffe, deren Hauptziel die Erreichung einer großen Geschwindigkeit ist, die infolgedessen mit einer sehr leichten Bauart des Schiffskörpers eine große Maschinenleistung verbinden. Man findet daher bei ihnen die Hauptgewichte in der mittschiffs liegenden Maschinen- und Kesselanlage zusammengedrängt und die Enden von schweren Gewichten entlastet. Es fallen hierunter z. B. Dampfyachten und schnelle Raddampfer, und sehr ausgeprägt zeigt sich dieser Fall bei Torpedobooten; freilich sind auf letzteren Typ solche allgemeinen Folgerungen, wie sie hier gezogen werden, aus den mehrfach angeführten Gründen kaum anwendbar. — Bei diesen Schiffen beobachtet man also das absolut größte statische Moment im Wellental, und wie wir gesehen haben, wirkt unter diesen Umständen das dynamische Zusatzmoment M_0' in demselben Sinne wie das statische Moment der Wellenzone, und die Wirkungen beider addieren sich. Es wird daher hier die Ermittlung von M_0' von großer Wichtigkeit und der Höchstwert derselben, der in der Regel bei der größten Schiffsgeschwindigkeit gegen Richtung der Wellen zu suchen ist, einzusetzen sein.

Ebenso zeigt das Ergebnis der Untersuchung des Zusatzmoments M_0'', daß auch dieses durchaus nicht immer die Wirkung des statischen Moments vergrößert Es hängt dies vielmehr davon ab, ob das Massenträgkeitsmoment der hinteren oder der vorderen Schiffshälfte, bezogen auf Mitte Schiff, den größeren Wert hat. Da hierfür bestimmte, für die einzelnen Schiffstypen geltende Regeln nicht existieren, lassen sich die Verhältnisse auch nicht, wie beim Moment M_0', im voraus beurteilen, sondern sind von Fall zu Fall daraufhin zu prüfen.

In welchem Maße nun die dynamischen Zusatzmomente einzeln zur Geltung kommen, das hängt, ein und dasselbe Schiff und Welle vorausgesetzt und demnach die Größen $\frac{M_0{}^0 Q}{g}$ bez. $JR\left(\frac{J_0}{J} - 0{,}5\right)$ als Konstanten betrachtet, von dem Verlauf der Kurven $f^{\cos}_{\left(\frac{n}{k}\right)}$ und $f^{\cos}_{\left(\frac{n}{m}\right)}$ ab, den diese bei veränderlichem $\frac{n}{k}$ bezw. $\frac{n}{m}$[1]), d. h. mit andern Worten bei veränderlicher Schiffsgeschwindigkeit nehmen.

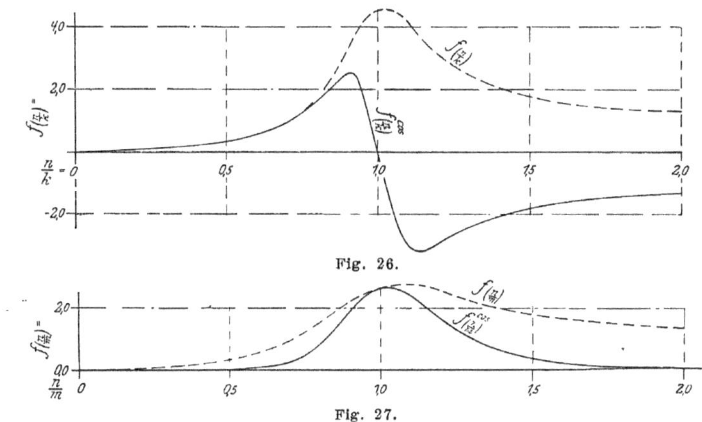

Fig. 26.

Fig. 27.

Die Kurven sind in Fig. 26 und 27 dargestellt, die Werte $\frac{w_1}{n}$ und $\frac{w_2}{n}$ sind dabei unserm früheren Beispiel (S. 30 ff.) entnommen. Denkt man sich die eben genannten neben $f^{\cos}_{\left(\frac{n}{k}\right)}$ und $f^{\cos}_{\left(\frac{n}{m}\right)}$ auftretenden konstanten Faktoren = 1 gesetzt, so stellen die Kurven direkt die Kosinusglieder der dynamischen Momente M_0' und M_0'' dar, welche also mit dem statischen Moment unmittelbar in Verbindung zu bringen sind. Ein Vergleich mit den ursprünglichen Kurven der vollständigen Zusatzmomente (Fig. 24 und 25), die hier noch einmal punktiert angedeutet sind, zeigt die Größe des Unterschiedes und die Verschiedenartigkeit der Umgestaltung der entsprechenden Kurven. Dieselbe rührt daher, daß das unterdrückte Glied mit $\sin nt$ in der Gleichung für z bez. M_0' gewissermaßen das Nebenglied, in derjenigen für φ bez. M_0' das Hauptglied darstellt.

[1]) Statt $\frac{n}{k}$ und $\frac{n}{m}$ sind vielfach, auch in den Gl. (60) und (61) die reziproken Werte $\frac{k}{n}$ und $\frac{m}{n}$ aus dem Grunde eingeführt, weil die Ausdrücke sich dabei etwas einfacher gestalten. Die Einteilung der Abszissenachse erfolgt aber nach $\frac{n}{k}$ bezw. $\frac{n}{m}$, weil dann die Kurven zugleich die Abhängigkeit der Werte $f^{\cos}_{\left(\frac{n}{k}\right)}$ bezw. $f^{\cos}_{\left(\frac{n}{m}\right)}$ von der Schiffsgeschwindigkeit zeigen (vergl. S. 51).

Aus dem Verlauf der Kurven Fig. 26 und 27 lassen sich nun folgende Tatsachen entnehmen:

1) In denjenigen Zonen, welche genügend weit vom Zustande des Synchronismus entfernt sind, um eine Vernachlässigung der Wirkung des Wasserwiderstandes zu erlauben (vergl. die Bemerkungen auf S. 50/51), in denen daher in der Gleichung für z das Glied mit $\sin nt$, in der für φ das mit $\cos nt$ stark zurücktritt, kommt das durch die Tauchschwingungen hervorgerufene Zusatzmoment M_0' beinahe allein zur Geltung und wir werden daher berechtigt sein, in diesen Grenzen die dynamische Wirkung der Wellenbewegung auf den Schiffskörper hauptsächlich nach diesem Moment zu beurteilen. Es würde dies allgemein für Schiffe gelten, deren Geschwindigkeit eine mäßige ist, so daß auch, wenn sie mit ihrer Höchstgeschwindigkeit gegen die Wellen fahren, noch ein genügender Abstand vom Synchronismus gewahrt bleibt. Auf solche Schiffe träfen die Bemerkungen auf S. 82, die wir im Anschluß an Fall 2[1]) gemacht haben, ohne wesentliche Einschränkung zu.

2) Im Zustande des Synchronismus, d. h. für $\frac{n}{k}$ bezw. $\frac{n}{m} = 1$, ist das Zusatzmoment $M_0''_{(\cos)}$, das hier sein Maximum hat und sich zugleich mit M_0'' deckt, fast ausschließlich maßgebend, vorausgesetzt wenigstens, daß der Synchronismus für beide Schwingungsarten gleichzeitig auftritt, was freilich nur für $m = k$, d. h. $i_w = i$, der Fall ist; in Wirklichkeit werden diese Werte immer bis zu einem gewissen Grade voneinander abweichen. — Außerdem ist zu berücksichtigen, daß hier der Wert von M_0', wenn auch das Kosinusglied vollständig fehlt, doch an sich der größte ist, den dies Zusatzmoment überhaupt erreicht, daß deshalb auch seine indirekte Wirkung noch genügend groß sein kann, um Berücksichtigung zu verdienen; ferner, daß diese indirekte, dafür aber gleichmäßig nach beiden Richtungen hin verteilte Wirkung des um 90° gegen das statische verschobenen Moments hier in jedem Falle, also auch in dem, welcher bei negativem $M_0{}^0$, ein dem statischen Moment entgegengesetztes $M_0'_{(\cos)}$ zur Folge hat (Fall 2, S. 81), einen Zuwachs zu letzterem liefert.

Ob und in welchen Fällen der Zustand des Synchronismus, sollte er im Bereich der Möglichkeit liegen, für die Berechnung des Gesamtmaximalmoments maßgebend ist, wird an anderer Stelle noch gesagt werden.

3) In dem Uebergangszustand zwischen den Grenzfällen 1) und 2) sind die Beiträge beider Zusatzmomente in gleicher Weise zu berücksichtigen. Die Kurve für $f^{\cos}_{\left(\frac{n}{m}\right)}$ steigt in dieser Zone stetig bis zu ihrem im Augenblick des Synchronismus erreichten Maximum an, die Kurve für $f^{\cos}_{\left(\frac{n}{k}\right)}$ dagegen erreicht ihr Maximum noch innerhalb dieser Zone und fällt jenseits desselben sehr schnell ab, um für $\frac{n}{k} = 1$ die Abszissenachse zu schneiden. Die Lage dieses Maximums läßt sich auch rechnerisch in einfacher Weise feststellen, indem wir die erste Ableitung des Ausdrucks $f^{\cos}_{\left(\frac{k}{n}\right)}$ (Gl. 60) nach $\frac{k}{n}$ bilden. Die Größe $\frac{w_1{}^2}{n^2}$ ist dabei ja genau genommen mit $\frac{k}{n}$ auch variabel, wie aus Gl. (39) hervorgeht, doch zeigt sich bei näherer Untersuchung ganz allgemein, daß sie in den hier in Frage kommenden Grenzen nur wenig veränderlich ist, und wir

[1]) Fall 1) dürfte deshalb kaum in Batracht kommen, weil dieser, wie erwähnt, leichtgebaute schnelle Schiffe voraussetzt.

können für sie den Wert setzen, den sie für $\frac{k}{n} = 1$ annimmt und der sich aus Gl. (39a) (S. 33) zu $0{,}85\,\psi Q = U^2$ ergibt. $f^{\cos}_{\left(\frac{k}{n}\right)}$ wird dann = max für

$$\frac{d f^{\cos}_{\left(\frac{k}{n}\right)}}{d\left(\frac{k}{n}\right)} = \frac{\left[\left(\frac{k^2}{n^2}-1\right)^2 + U^2\right] 2\frac{k}{n} - \left(\frac{k^2}{n^2}-1\right) 2 \left(\frac{k^2}{n^2}-1\right) 2\frac{k}{n}}{\left[\left(\frac{k^2}{n^2}-1\right)^2 + U^2\right]^2} = 0,$$

also

$$\left(\frac{k^2}{n^2}-1\right)^2 + U^2 - 2\left(\frac{k^2}{n^2}-2\right)^2 = 0,\quad \frac{k^2}{n^2} - 1 = \pm U,\quad \frac{k}{n} = \sqrt{1 \pm U} = \sqrt{1 \pm \sqrt{0{,}85\,\psi Q}}.$$

Durch Einsetzen dieses Wertes in den Ausdruck für $f^{\cos}_{\left(\frac{n}{k}\right)}$ würde sich dessen Maximum bezw. Minimum zu $\pm \frac{1}{2U}$ ergeben, doch tritt dabei die Ungenauigkeit, daß wir $\frac{w_1^2}{n^2}$ einfach als konstant $= 0{,}85\,\psi Q$ angenommen haben, zu stark hervor, und deshalb erscheint es richtiger, nur die ungefähre Lage des Maximums auf die geschilderte Weise zu bestimmen, dessen Größe aber mit Hülfe des genauen Wertes für $\frac{w_1^2}{n^2}$, unter Einführung des gewonnenen $\frac{k}{n}$, das wir in diesem Falle mit $\left(\frac{k}{n}\right)'$ bezeichnen wollen, zu ermitteln.

4) Das Minuszeichen in dem eben ermittelten Ausdruck für $\left(\frac{k}{n}\right)'$ gilt für das Minimum von $f^{\cos}_{\left(\frac{n}{k}\right)}$, das in der jenseits des Synchronismus liegenden Zone auftritt und dessen absoluter Wert gleich dem des Maximums ist. Ueberhaupt ist für diese Zone der Umstand vor allem charakteristisch, daß die Kurve $f^{\cos}_{\left(\frac{n}{k}\right)}$ durchweg unterhalb der Abszissenachse verläuft, also negative Werte aufweist. Während daher über das Zusatzmoment M_0'' nichts Neues zu sagen ist, haben bei M_0' die auf S. 81 angeführten Fälle 1) und 2) hier entgegengesetzte Wirkungen zur Folge, d. h. bei negativem M_0^0 wirkt jetzt $M_0'_{(c_0)}$ in demselben Sinne wie das statische Moment, bei positivem M_0^0 in entgegengesetztem, und die an diese Fälle geknüpften Bemerkungen (S. 82) sind dementsprechend zu vertauschen. Obgleich solch ein Ueberschreiten des Synchronismus bei dem Tauchschwingungsmoment sehr selten vorkommen wird (vergl. Tabelle A, S. 90/91, unterste Reihe), ist doch zu bedenken, daß in verhältnismäßig sehr geringer Entfernung vom Synchronismus[1]) der negative Ast der Kurve $f^{\cos}_{\left(\frac{n}{k}\right)}$ schon wieder sein Minimum erreicht.

Es waren dies bisher alles Tatsachen, die lediglich durch das Phasenverhältnis der Momente bedingt waren, auf deren Größe war noch keine Rücksicht genommen. Wenn wir jetzt zur Untersuchung der Größenverhältnisse übergehen, sind wir der Natur der Sache nach wieder auf die Anlehnung an mathematisch bestimmbare Formen angewiesen. Die Verhältniswerte, die wir auf Grund dessen erhalten und die in den nachfolgenden Tabellen A, B und C niedergelegt sind, werden uns wenigstens einen allgemeinen Begriff von der

---

[1]) Bei einer Geschwindigkeitszunahme, die einer Abnahme von $\frac{k}{n}$ um $\left(1 - \sqrt{1 - U}\right)$ entspricht.

Größe der dynamischen Zusatzmomente im Vergleich zum statischen Moment verschaffen und übertriebene Vorstellungen über den Einfluß der ersteren, zu denen man leicht geneigt sein könnte, auf ihr richtiges Maß zurückführen.

Es sind folgende Bemerkungen vorauszuschicken:

Die Hauptrolle bei dem Vergleich spielen offenbar die Kosinusglieder der Zusatzmomente als die unmittelbaren Beiträge, die die letzteren zu dem Gesamtmaximalmoment liefern. Der Vollständigkeit halber sollen aber auch die ursprünglichen vollständigen Zusatzmomente, mit Hülfe der Ausdrücke $f_{\left(\frac{n}{k}\right)}$ und $f_{\left(\frac{n}{m}\right)}$ (Gl. (60a) und (61a)), berechnet werden. Diese Momente sind dann freilich nur in Verbindung mit der zugehörigen Phasenverschiebung gegenüber dem statischen Moment zu benutzen. Die Phasenverschiebungen sind daher nach den auf Seite 48 angegebenen Formeln $\vartheta' = \operatorname{arc\,tg} \frac{\frac{w_1}{n}}{\frac{k^2}{n^2} - 1}$ und $\vartheta'' = \frac{\pi}{2} + \operatorname{arc\,tg} \frac{\frac{w_2}{n}}{\frac{m^2}{n^2} - 1}$ [1]) ebenfalls berechnet und jedesmal beigefügt. Auf Grund der Größen- und Phasenwerte lassen sich die Gesamtmaximalmomente dann rechnerisch oder graphisch genau ermitteln. Indem so das Phasenverhältnis der Momente, entweder durch genaue Ermittlung oder durch Ausschaltung der unwirksamen Sinusglieder, berücksichtigt ist, verstehen wir die Momente fortan immer unter ihrem Höchstwerte, setzen also $\cos nt = 1$ bezw., bei den vollständigen Zusatzmomenten, $z = z_0$, $\varphi = \varphi_0$ und kennzeichnen die Höchstwerte durch den Index m (vergl. S. 75 ff). Auf das Vorzeichen der Momente ist keine Rücksicht genommen, da dasselbe für das Größenverhältnis gleichgültig ist. Ob im bestimmten Falle Addition oder Subtraktion zu erfolgen hat, ist nach den schon vorher (S. 81) angegebenen Kennzeichen zu beurteilen.

Wir gehen zunächst wieder von der Parabelform aus und setzen die für die Größen Q, R und $\left(b_0' - \frac{a\,d_0}{2}\right)$ auf S. 52 bezw. 80 gefundenen Werte in die betreffenden Gleichungen der Biegungsmomente ein. Wir erhalten dann

1) das statische Moment und zwar:

α) Das statische Moment des Schiffes im glatten Wasser drücken wir aus durch $x LP$, wobei x eine Zahl, die je nach der Art des Schiffes sehr verschiedene, positive und negative, Werte annehmen kann. Sein Maximalwert ist $\backsim {}^1/_{60}$ bis ${}^1/_{80}$. Wir setzen das Deplacement $V = LBH'\alpha$ (H' = mittlerer Tiefgang, vergl. S. 41) $= \alpha BL^2\varkappa$, worin $\varkappa = \frac{H'}{L}$, so wird, da bei der Parabelform $\alpha = 0{,}667$,

$$M_0{}^0 = \gamma BL^3 \cdot 0{,}667\, \varkappa x.$$

β) Das statische Moment der Wellenzone

---

[1]) Der auf S. 48 angegebene Wert $\vartheta'' = \operatorname{arc\,tg} \frac{\frac{w^2}{n}}{\frac{m^2}{n^2} - 1}$ bezog sich auf die Phasenverschiebung des Schwingungswinkels φ gegenüber dem entsprechenden Neigungswinkel der Wellenoberfläche.

$$M_m'' = \gamma r \left(b_0' - \frac{a d_0}{2}\right)$$

$$= \gamma r \frac{B \lambda^2}{4 \pi^2}\left[5{,}25 \frac{\lambda}{\pi L} \sin \frac{\pi L}{\lambda} + 6 \frac{\lambda^2}{\pi^2 L^2}\left(\cos \frac{\pi L}{\lambda} - 1\right) - 1{,}25 \cos \frac{\pi L}{\lambda} - 1\right],$$

und, mit $r = \frac{\lambda}{40}$, $= \gamma B L^3 \cdot 0{,}000633\, f_{\left(\frac{\lambda}{L}\right)}$, wo $f_{\left(\frac{\lambda}{L}\right)} = \frac{\lambda^3}{L^3}$ Klammerausdruck.

2) das dynamische Moment der Tauchschwingungen

$$M_m' = \frac{M_0^0\, Q}{g} \frac{1}{\sqrt{\left(\frac{k^2}{n^2} - 1\right)^2 + \frac{w_1^2}{n^2}}} = \frac{\gamma B L^3\, 0{,}667\, \varkappa x}{g} \frac{3 k^2 L}{40 \pi^2} f'_{\left(\frac{\lambda}{L}\right)} f_{\left(\frac{n}{k}\right)} \text{[1]},$$

d. i., mit $k^2 = \frac{g F}{V} = \frac{g}{H}, = \frac{g}{\varkappa L}$:

$$M_m' = \gamma B L^3\, 0{,}00506\, x f'_{\left(\frac{\lambda}{L}\right)} f_{\left(\frac{n}{k}\right)}.$$

3) das dynamische Moment der Stampfschwingungen

$$M_m'' = J R \left(\frac{J_0}{J} - 0{,}5\right) \frac{1}{\sqrt{\left(\frac{m^2}{n^2} - 1\right)^2 + \frac{w_2^2}{n^2}}} = \frac{\gamma\, 0{,}667\, B L^2 \varkappa i^2}{g} \frac{3 m^2}{4 \pi^2} f''_{\left(\frac{\lambda}{L}\right)} \left(\frac{J_0}{J} - 0{,}5\right) f_{\left(\frac{n}{m}\right)} \text{[1]},$$

und, da $m^2 = k^2 \frac{i_w^2}{i^2} = \frac{g}{\varkappa L} \frac{i_w^2}{i^2}$ und $i_w^2 = \frac{L^2}{20}$,

$$M_m'' = \gamma B L^3\, 0{,}00253 \left(\frac{J_0}{J} - 0{,}5\right) f''_{\left(\frac{\lambda}{L}\right)} f_{\left(\frac{n}{m}\right)}.$$

Zur Bestimmung der in den Ausdrücken $f_{\left(\frac{n}{k}\right)}$ und $f_{\left(\frac{n}{m}\right)}$ auftretenden Größen $\frac{w_1^2}{n^2}$ und $\frac{w_2^2}{n^2}$ nach Gl. (39) und (41) ist noch erforderlich die Berechnung von

$$Q = \frac{3 k^2 L}{40 \pi^2} f'_{\left(\frac{\lambda}{L}\right)} = \frac{3 g}{40 \pi^2 \varkappa} f'_{\left(\frac{\lambda}{L}\right)} = \frac{0{,}0745}{\varkappa} f'_{\left(\frac{\lambda}{L}\right)}$$

und

$$\frac{N}{J_w} R = {}^5/_{16}\, L \frac{3 m^2}{4 \pi^2} f''_{\left(\frac{\lambda}{L}\right)} = \frac{0{,}233}{\varkappa} \frac{i_w^2}{i^2} f''_{\left(\frac{\lambda}{L}\right)}.$$

Alle 3 Gleichungen der Momente enthalten als gemeinsamen Faktor die Größe BL^3, sonst tritt L nur noch in dem Verhältnis $\frac{\lambda}{L}$ auf. Es folgt daraus, daß, wenn wir die 3 Momente in Verhältnis zueinander setzen, einmal die Breite B vollständig herausfällt, und ebenso die Länge L in dem Falle, daß wir ein konstantes Verhältnis $\frac{\lambda}{L}$ annehmen. Gleichzeitig muß freilich noch vorausgesetzt werden, daß der Faktor $f_{\left(\frac{n}{k}\right)}$ bezw. $f_{\left(\frac{n}{m}\right)}$ durch eine Änderung der Wellenlänge nicht beeinflußt wird, was nach den Ausführungen auf S. 62 bei konstantem $\frac{\lambda}{L}$ dann der Fall ist, wenn auch das Verhältnis $\frac{V_s}{\sqrt{L}}$ konstant bleibt, d. h. wenn wir es mit korrespondierenden Geschwindigkeiten zu tun haben.

---

[1] $f'_{\left(\frac{\lambda}{L}\right)}$ und $f''_{\left(\frac{\lambda}{L}\right)}$ siehe Seite 57.

Im übrigen sehen wir durch Vergleich der 3 Gleichungen, daß auf das Verhältnis der dynamischen Zusatzmomente zu dem statischen Moment und untereinander von Einfluß ist

1) das Verhältnis $\frac{\lambda}{L}$,

2) die Verhältnisse $\frac{n}{k}$ und $\frac{n}{m}$,

3) die Größe $\varkappa = \frac{H'}{L}$ (ist auch in k und m mit enthalten),

4) die Größe x,

5) das Verhältnis $\frac{J_0}{J}$.

Nicht zum Ausdruck kommt in den Gleichungen die Abhängigkeit von dem Völligkeitsgrad der Wasserlinie α, eine Untersuchung, die sich an der Parabelform nicht durchführen läßt. Wir werden sie daher an einem nach Fig. 20 gestalteten Körper nachträglich vornehmen.

Wir wollen nun zunächst ein Verhältnis $\frac{\lambda}{L} = 1$, wie es auch bei den gewöhnlichen statischen Festigkeitsrechnungen immer angenommen wird, zugrunde legen und unter dieser Annahme und Einsetzen verschiedener gebräuchlicher Werte für die andern Größen und Verhältnisse eine Anzahl von Fällen schaffen, welche die Grenzen, innerhalb deren sich die dynamischen Momente in ihrem Größenverhältnis zum statischen normalerweise bewegen können, erkennen lassen, Für dazwischenliegende Fälle wird man leicht aus der Tendenz, welche die errechneten Zahlen aufweisen, die Zwischwerte annähernd richtig schätzen oder mit Hülfe von Kurven, die auf Grund der errechneten Zahlen zu konstruieren sind, graphisch ermitteln können. — Am Schlusse will ich dann noch nachweisen, daß der Fall $\frac{\lambda}{L} = 1$ tatsächlich auch der maßgebende ist insofern, als er immer annähernd den Maximalwert des Gesamtbiegungsmoments liefert.

Für $\frac{\lambda}{L} = 1$ werden in den obigen Formeln für die Biegungsmomente die Ausdrücke

$$f\left(\frac{\lambda}{L}\right) = \frac{\lambda^3}{L^3}\left[5{,}25\,\frac{\lambda}{\pi L}\sin\frac{\pi L}{\lambda} + 6\,\frac{\lambda^2}{\pi^2 L^2}\left(\cos\frac{\pi L}{\lambda} - 1\right) - 1{,}25\cos\frac{\pi L}{\lambda} - 1\right]_{\lambda = L}$$
$$= -\frac{12}{\pi^2} + 1{,}25 - 1 = -0{,}965,$$
$$f'\left(\frac{\lambda}{L}\right) = \frac{\lambda^3}{L^3}\left(\frac{\lambda}{\pi L}\sin\frac{\pi L}{\lambda} - \cos\frac{\pi L}{\lambda}\right)_{\lambda = L} = 1,$$
$$f''\left(\frac{\lambda}{L}\right) = \frac{\lambda^3}{L^3}\left[\left(3\frac{\lambda^2}{\pi^2 L^2} - 1\right)\sin\frac{\pi L}{\lambda} - 3\frac{\lambda}{\pi L}\cos\frac{\pi L}{\lambda}\right]_{\lambda = L} = \frac{3}{\pi} = 0{,}955;$$

folglich die Momente selbst

$$M_m = M_0{}^0 + M_m^w = \gamma B L^3 (0{,}667\,\varkappa x + 0{,}0006108),$$
$$M_m' = \gamma B L^3\, 0{,}00506\, x f\left(\frac{n}{k}\right);$$
$$M_m'' = \gamma B L^3\, 0{,}00242\left(\frac{J_0}{J} - 0{,}5\right) f\left(\frac{n}{m}\right).$$

1) Zunächst der Vergleich der Momente M_m und M_m'. Ueber die dabei in Frage kommenden Größen ist folgendes zu sagen:

α) In dem Verhältnis $\frac{k}{n}$ ist für n zunächst derjenige Wert zu setzen, der der Maximalgeschwindigkeit des Schiffes V, gegen Richtung der Wellen entspricht. Es ist nun übersichtlicher und gewährt ein gutes Merkmal zur Unterscheidung der verschiedenen Schiffstypen, wenn wir das Verhältnis $\frac{k}{n}$ durch ein anderes ersetzen, in dem V_s eine unmittelbare Rolle spielt. Es ist nämlich

$$\frac{k^2}{n^2} = \frac{\frac{g}{\varkappa L}}{\frac{4\pi^2 (V_s + 1{,}25 \sqrt{\lambda})^2}{\lambda^2}} = \frac{g}{4\pi^2} \cdot \frac{\frac{\lambda^2}{L^2}}{\varkappa \left(\frac{V_s}{\sqrt{L}} + 1{,}25 \sqrt{\frac{\lambda}{L}}\right)^2} \text{ und, mit } \frac{\lambda}{L} = 1\,,$$

$$= \frac{0{,}248}{\varkappa \left(\frac{V_s}{\sqrt{L}} + 1{,}25\right)^2}.$$

Es tritt hier also V_s im Verhältnis zur Wurzel aus der Schiffslänge auf. Inwiefern dies Verhältnis charakteristisch ist für die verschiedenen Schiffstypen, läßt sich aus folgender Tabelle ersehen, die, wenn auch nur auf roh herausgegriffenen Zahlen beruhend, doch ein annäherndes Bild zu geben imstande ist.

Schiffsart	Länge L	Maximalgeschwindigkeit V_s		$\frac{V_s}{\sqrt{L}} \infty$
	m	Knoten	m/sk	
Schnelldampfer . . .	200	23,5	12,10	0,85
Großer Postdampfer . .	160	16,0	8,23	0,65
Großer Frachtdampfer .	170	13,5	6,94	0,53
Kleiner Frachtdampfer .	80	10,0	5,14	0,58
Linienschiff	125	18,0	9,26	0,83
Großer Kreuzer . . .	140	22,5	11,59	0,98
Kleiner Kreuzer . . .	115	24,0	12,35	1,15
Torpedoboot	70	30,0	15,44	1,85

Demnach würde, wenn wir für $\frac{V_s}{\sqrt{L}}$ die Werte 0,6, 0,9 und 1,2 herausgreifen, um sie für die weiteren Untersuchungen, Tabellen usw. zu benutzen, etwa der mittlere Wert 0,9 für Schiffe gelten, bei denen Länge und Maximalgeschwindigkeit in normalem Verhältnis stehen, der niedrige 0,6 für solche, die langsam, und der hohe 1,2 für solche, die schnell sind im Vergleich zu ihrer Länge. Der ganz extreme für Torpedoboote geltende Wert sei deshalb nicht weiter berücksichtigt, weil dieser Typ aus den schon mehrfach erwähnten Gründen sich überhaupt einer solchen allgemeinen Untersuchung entzieht.

Ueber den in $\frac{k}{n}$ ferner auftretenden Wert $\varkappa$ siehe Bemerkung β).

Für ein angenommenes $\frac{V_s}{\sqrt{L}}$ und $\varkappa$ ist dann das Verhältnis $\frac{k}{n}$ nach der obigen Formel zu berechnen. Es ist aber, nach der früher zu der Kurve $f^{\cos}\left(\frac{n}{k}\right)$, Fig. 26, gemachten Bemerkung 3) (S. 84/85), zu berücksichtigen, daß dieses $\frac{k}{n}$ den Maximalwert von $M_m'{}_{(\cos)}$, auf den es in erster Linie ankommt, nur dann liefert, wenn $> \sqrt{1+U}$; während daher, um die mit der Höchstgeschwindigkeit des Schiffes gegen die Wellen verbundenen Erscheinungen zu charakterisieren, einmal die Zusatzmomente M_m' (nebst Phasenverschiebung) und $M_m'{}_{(\cos)}$ für das diesem Zustand entsprechende $\frac{k}{n}$ berechnet sind, ist das für die Höchstwirkung des Moments maßgebende $\frac{k}{n}$, wenn von ersterem verschieden, sowie das zugehörige $M_m'_{(\cos)}$ in den betreffenden Gruppen in eckige Klammern danebengesetzt.

β) Für das Verhältnis $\varkappa = \frac{H'}{L}$ seien als gebräuchliche Werte zugrunde gelegt $^1/_{30}$, $^1/_{25}$ und $^1/_{20}$, über deren Gültigkeitsbereich, ohne sonst eine genauere Einteilung nach Schiffsklassen vornehmen zu wollen, man im allgemeinen sagen kann, daß die niedrigen Werte für schnellere[1]), die hohen für langsamere Schiffe zutreffen.

γ) Für die Größe x setzen wir zur Berechnung der Momente M_0^0 und M_m' durchweg den Wert 0,01; für jedes beliebige x, das in praktischen Fällen einzuführen ist, ist dann sehr leicht die erforderliche Umrechnung zu machen.

2) Vergleich der Momente M_m und M_m''.

Für die Größen $\varkappa$ und x gilt dasselbe wie unter 1). Neu zu erwähnen ist dagegen:

α) Das Verhältnis $\frac{m}{n}$ ist $= \frac{k}{n} \frac{i_w}{i}$ (Gl. (3)). Das hier neu auftretende $\frac{i_w}{i}$ bewegt sich immer in der Nähe des Wertes 1, wir wollen daher für dasselbe die Werte 1,1, 1,0 und 0,9 einführen, wobei 1,1 einer Zusammendrängung der Gewichte nach der Mitte, 0,9 einer verhältnismäßig großen Belastung der Schiffsenden, 1,0 einer ungefähr normalen Gewichtsverteilung entspricht. Für jedes

[1]) Für Torpedobote findet sich auch hier ein ganz extremer Wert $\varkappa =$ rd. $^1/_{45}$ bis $^1/_{50}$.

Zahlen-

$\frac{V_s}{\sqrt{L}}$	$\varkappa$	$\frac{k}{n}$ bezw. $\left(\frac{k}{n}\right)'$	statisches Moment $M_0^0 = BL^3\times$	$M_m^w = BL^3\times$	$M_m = M_0^0 + M_m^w = BL^3\times$	dynamisches Moment $M_m' = BL^3\times$	Phasenverschiebung ϑ_0'	dynamisches Moment $M_m'(\cos) = BL^3\times$
	$^1/_{30}$	1,474	0,2222		0,8330	0,0429	6° 10'	0,0426
0,6	$^1/_{25}$	1,347	0,2667		0,8775	0,0614	8° 50'	0,0607
	$^1/_{20}$	1,204	0,3333		1,0441	0,1074	17° 0'	0,1025
	$^1/_{30}$	1,268	0,2222		0,8330	0,0800	15° 50'	0,0770
0,9	$^1/_{25}$	1,158	0,2667	0,6108	0,8775	0,1283	29° 40'	0,1117
	$^1/_{20}$	1,035 [1,100]	0,3333		1,0441	0,2228	71° 30'	0,0706 [0,1306]
	$^1/_{30}$	1,112 [1,124]	0,2222		0,8330	0,1474	46° 0'	0,1024 [0,1042]
1,2	$^1/_{25}$	1,016 [1,112]	0,2667		0,8775	0,2076	82° 0'	0,0289 [0,1154]
	$^1/_{20}$	0,910 [1,100]	0,3333		1,0441	0,1480	137° 30'	−0,1162 [0,1306]

$\frac{k}{n}$, das wir, wie unter 1a), auf Grund von $\frac{V_s}{\sqrt{L}}$ und $\varkappa$ ermitteln, ergeben sich daher hier immer 3 verschiedene Werte von $\frac{m}{n}$, und für jeden derselben die entsprechenden Größen der Momente und Phasenverschiebungen. Außerdem sind noch, im Falle daß das so errechnete $\frac{m}{n} < 1$ ist, die für $\frac{m}{n} = 1$ auftretenden Maximalwerte von $M_m''_{(c \cdot s)}$ in eckige Klammern danebengesetzt.

β) Für $\frac{J_0}{J}$ ist ein Grundverhältnis von 0,51, also für $\left(\frac{J_0}{J} - 0{,}5\right)$ ein Grundwert von 0,01 angenommen und zur Berechnung von M_m'' und $M_m''_{(\cos)}$ benutzt. Für jedes beliebige $\frac{J_0}{J}$ sind danach die entsprechenden Werte der Momente sofort zu bestimmen. — In praktischen Fällen, in denen die Wasserlinienträgheitsmomente des Vor- und Hinterschiffes bezogen auf Mitte Schiff nicht, wie bei den hier zugrunde gelegten symmetrischen Formen, gleich sind, ist übrigens nach den Bemerkungen S. 77/78, statt $\left(\frac{J_0}{J} - 0{,}5\right)$ der Wert $\left(\frac{J_0}{J} - \frac{J_{w0}}{J_w}\right)$ zu setzen.

Die auf Grund dieser Angaben errechneten Zahlen sind in der nachstehenden Zahlentafel A zusammengestellt; für das spezifische Gewicht des Wassers ist der Einfachheit halber der Wert 1000 gesetzt. — Die Kosinustafel A.

$100 \times \frac{M_m'(\cos)}{M_m}$ vH	$\frac{i_w}{i}$	$\frac{m}{n}$	dynamisches Moment $M_m'' = B L^3 \times$	Phasenverschiebung ϑ_0''	dynamisches Moment $M_m''(\cos) = B L^3 \times$	$100 \times \frac{M_m''(\cos)}{M_m}$ vH
	1,1	1,622	0,0144	108° 20′	0,0033	0,40
5,1	1,0	1,474	0,0197	107° 10′	0,0058	0,70
	0,9	1,327	0,0289	114° 30′	0,0120	1,44
	1,1	1,482	0,0193	106° 50′	0,0056	0,64
6,9	1,0	1,347	0,0273	118° 10′	0,0107	1,22
	0,9	1,212	0,0413	126° 40′	0,0247	2,82
	1,1	1,325	0,0290	115° 0′	0,0121	1,16
9,8	1,0	1,204	0,0426	125° 40′	0,0260	2,49
	0,9	1,084	0,0683	152° 30′	0,0562	5,39
	1,1	1,395	0,0230	115° 50′	0,0100	1,20
9,2	1,0	1,268	0,0323	127° 50′	0,0189	2,27
	0,9	1,141	0,0460	144° 10′	0,0367	4,40
	1,1	1,274	0,0318	125° 10′	0,0183	2,09
12,7	1,0	1,158	0,0446	140° 50′	0,0346	3,94
	0,9	1,042	0,0615	167° 20′	0,0600	6,85
	1,1	1,139	0,0472	144° 30′	0,0385	3,69
12,5	1,0	1,035	0,0627	169° 10′	0,0616	5,90
	0,9	0,932—[1,0]	0,0748	203° 50′	0,0683—[0,0728]	6,97
	1,1	1,223	0,0337	136° 10′	0,0243	2,92
12,5	1,0	1,112	0,0445	151° 0′	0,0389	4,67
	0,9	1,000	0,0595	180° 0′	0,0595	7,15
	1,1	1,118	0,0450	152° 20′	0,0398	1,54
13,2	1,0	1,016	0,0576	175° 20′	0,0574	6,55
	0,9	0,914—[1,0]	0,0669	206° 50′	0,0597—[0,0648]	7,39
11,1	1,1	1,000	0,0596	180° 0′	0,0596	5,71
12,5	1,0	0,910—[1,0]	0,0671	209° 0′	0,0590—[0,0655]	6,28
	0,9	0,819—[1,0]	0,0633	239° 30′	0,0322—[0,0728]	6,97

glieder der dynamischen Momente sind sowohl in ihrer richtigen Größe als auch in Prozenten der statischen Momente angegeben. Dabei ist zu beachten, daß diese Prozentzahlen nur als Vergleichs-, nicht als unmittelbar verwendbare Werte aufzufassen sind, da der Anwendung auf bestimmte Fälle erst die Umrechnung auf Grund der speziellen Werte von x und $\left(\frac{J_0}{J} - 0{,}5\right)$ vorherzugehen hat. So beträgt z. B. für ein $\left(\frac{J_0}{J} - 0{,}5\right) = 0{,}03$ das Moment $M_m''{}_{(\cos)}$ das dreifache des angegebenen Wertes, deshalb ist, falls $x = 0{,}01$ bleibt, der danebenstehende Prozentsatz zu verdreifachen. Siehe auch das später folgende Beispiel S. 101.

Bevor ich zur Beurteilung der in dieser Tabelle zusammengestellten Ergebnisse übergehe, möchte ich noch die Untersuchung der bisher vernachlässigten Einflüsse, d. h. des Völligkeitsgrades der Wasserlinie α und des Verhältnisses $\frac{\lambda}{L}$ vornehmen.

1) Einfluß des Völligkeitsgrades α.

Wir müssen hier von der Parabelform der Wasserlinie abgehen und die in Fig. 20 dargestellte Form benutzen. Im übrigen ist der Gang der Rechnung genau derselbe wie vorher, wir nehmen auch wieder die Wellenlänge λ gleich der Länge des Körpers an. Außer den schon auf S. 59/60 abgeleiteten Größen a und b bezw. Q und R, in denen nur die mit $\lambda = L$ verbundene Vereinfachung einzuführen ist, ist der Ausdruck $\left(b_0' - \frac{a d_0}{2}\right)$ zu berechnen. Es ist

$$b_0' = \int_0^{\frac{L}{2}} \beta x \cos\frac{2\pi x}{L}\,dx = B\int_0^{\frac{L}{2}} x\cos\frac{2\pi x}{L}\,dx + \frac{BL}{L-l}\int_{\frac{l}{2}}^{\frac{L}{2}} x\cos\frac{2\pi x}{L}\,dx - \frac{2B}{L-l}\int_{\frac{l}{2}}^{\frac{L}{2}} x^2\cos\frac{2\pi x}{L}\,dx$$

$$= \frac{BL^2}{4\pi^2}\left[\frac{2\pi x}{L}\sin\frac{2\pi x}{L} + \cos\frac{2\pi x}{L}\right]_{x=0}^{x=\frac{L}{2}} + \frac{BL}{L-l}\,\frac{L^2}{4\pi^2}\left[\frac{2\pi x}{L}\sin\frac{2\pi x}{L} + \cos\frac{2\pi x}{L}\right]_{x=\frac{l}{2}}^{x=\frac{L}{2}}$$

$$- \frac{2B}{L-l}\,\frac{L^3}{8\pi^3}\left[\left(\frac{2\pi x}{L}\right)^2\sin\frac{2\pi x}{L} + 2\,\frac{2\pi x}{L}\cos\frac{2\pi x}{L} - 2\sin\frac{2\pi x}{L}\right]_{x=\frac{l}{2}}^{x=\frac{L}{2}}$$

$$= -\frac{BL^2}{4\pi^2(L-l)}\left[\frac{2L}{\pi}\sin\frac{\pi l}{L} - l\left(1+\cos\frac{\pi l}{L}\right)\right],$$

$$a = \frac{BL^2}{(L-l)\pi^2}\left(1+\cos\frac{\pi l}{L}\right) \text{ (vergl. S. 59)},\quad d_0 = \frac{L^2+Ll+l^2}{6(L+l)},$$

folglich

$$b_0' - \frac{a d_0}{2} = -\frac{BL^2}{12\pi^2}\left[\frac{(L^2-2Ll-2l^2)\left(1+\cos\frac{\pi l}{L}\right) + \frac{6L}{\pi}(L+l)\sin\frac{\pi l}{L}}{L^2-l^2}\right] = -\frac{BL^2}{12\pi^2} f\left(\frac{l}{L}\right).$$

Wir erhalten dann

1) das statische Moment $M_m = M_0{}^0 + M_m''$, worin

$$M_0{}^0 = \gamma V L x = \gamma F H' L x = \gamma B L^3 \cdot \frac{\varkappa x}{2}\,\frac{L+l}{L}$$

$$M_m'' = \gamma r\left(b_0' - \frac{a d_0}{2}\right) = \gamma B L^3 \cdot 0{,}000212\, f\left(\frac{l}{L}\right),$$

2) das Zusatzmoment

$$M_m' = \frac{M_0^0 Q}{g} f_{\left(\frac{n}{i}\right)} = \gamma B L^3 \cdot \frac{\gamma}{40\,\pi^2} \frac{1 + \cos \frac{\pi l}{L}}{1 - \frac{l}{L}} f_{\left(\frac{n}{i}\right)} = \gamma B L^3 \cdot 0{,}00255\, x f'_{\left(\frac{l}{L}\right)} f_{\left(\frac{n}{i}\right)},$$

3) das Zusatzmoment

$$M_m'' = \gamma r b \left(\frac{J_0}{J} - 0{,}5\right) f_{\left(\frac{n}{m}\right)} = \gamma B L^3 \frac{1}{80\,\pi^2} \frac{\frac{l}{L} \sin \frac{\pi l}{L} + \frac{2}{\pi}\left(1 + \cos \frac{\pi l}{L}\right)}{1 - \frac{l}{L}} \left(\frac{J_0}{J} - 0{,}5\right) f_{\left(\frac{n}{m}\right)}$$

$$= \gamma B L^3 \cdot 0{,}001275 \left(\frac{J_0}{J} - 0{,}5\right) f''\left(\frac{l}{L}\right) f\left(\frac{n}{m}\right);$$

ferner die Größen

$$Q = \frac{k^2 r a}{F} = \frac{2 k^2 r}{\pi^2} \frac{1 + \cos \frac{\pi l}{L}}{1 - \frac{l^2}{L^2}} \text{ (s. S. 60)} = \frac{0{,}0497}{\varkappa} f_{q\left(\frac{l}{L}\right)}$$

$$\frac{N}{J_w} R = 0{,}3 \frac{L^5 - l^5}{L^4 - l^4} \cdot \frac{m^2 r b}{J_w} = \frac{0{,}179}{\varkappa} \frac{i_w^2}{i^2} \cdot \frac{1 - \frac{l^5}{L^5}}{\left(1 - \frac{l^4}{L^4}\right)^2} \left[\frac{l}{L} \sin \frac{\pi l}{L} + \frac{2}{\pi}\left(1 + \cos \frac{\pi l}{L}\right)\right].$$

Auf Grund dieser so errechneten Größen ließen sich nun für jeden beliebigen Wert des Verhältnisses $\frac{l}{L}$ und somit des Völligkeitsgrades der Wasserlinie α, welcher mit $\frac{l}{L}$ durch die Gleichung $\alpha = \frac{1 + \frac{l}{L}}{2}$ zusammenhängt, eine Zahlentafel entsprechend A errechnen, und man würde daraus den Einfluß von α auf das Verhältnis der Momente unter allen in Zahlentafel A zugrunde gelegten Bedingungen prüfen können. Da dies zu weit führen würde, möchte ich als Beispiele nur 2 Fälle herausgreifen, und zwar einmal den, für welchen $\frac{V_s}{\sqrt{L}} = 0{,}9$, $\varkappa = {}^1/_{25}$, $\frac{i_w}{i} = 1$ angenommen war, also $\frac{k}{n} = \frac{m}{n} = 1{,}158$. Als zweiter Fall sei der des Synchronismus gewählt, also $\frac{k}{n} = \frac{m}{n} = 1$, mit $\varkappa = {}^1/_{25}$. Dabei ist aber das Moment $M_m'{}_{(\cos)}$ wieder auf Grund des für seinen Maximalwert maßgebenden Wertes $\left(\frac{k}{n}\right)' = \sqrt{1 + U}$ berechnet. Diese 2 Fälle werden genügen, um uns ein Bild der allgemeinen Tendenz zu geben.

Für α setzen wir der Reihe nach die Werte 0,5, 0,6, 0,7, 0,8, 0,9 und 1,0; die extremen, in Wirklichkeit nicht vorkommenden Werte sind aus dem Grunde hinzugefügt, um die Tendenz möglichst gut zu veranschaulichen. Außerdem ist die Rechnung auch noch für $\alpha = 0{,}667$, d. h. den Völligkeitsgrad der Parabel, durchgeführt. Mit Hülfe des letzteren Wertes können wir dann die Resultate der nachstehenden Zahlentafel B zur Ergänzung der früheren Zahlentafel A benutzen. Zu dem Zwecke ist, nachdem wie bisher jedesmal die Kosinusglieder der Zusatzmomente in Prozenten der statischen Momente ausgedrückt sind, die Zunahme bezw. Abnahme dieser, für jedes α einen anderen Betrag aufweisenden Prozentsätze gegenüber dem für $\alpha = 0{,}667$ gültigen angegeben und zwar wiederum in Prozenten des letzteren.

Auf Grund dieser Angaben ist die nachstehende Zahlentafel B berechnet worden.

Zahlen-

Fall I: $\frac{V_s}{L} = 0{,}9$; $\varkappa = {}^1/_{25}$; $\frac{i_w}{i} = 1{,}0$; folglich $\frac{k}{n} = \frac{m}{n} = 1{,}158$.

Fall	a	$\frac{l}{L}$	statisches Moment $M_0{}^0 = B\,L^3 \times$	$M_m{}^w = B\,L^3 \times$	$M_m = M_0{}^0 + M_m{}^w = B\,L^3 \times$	$\left(\frac{k}{n}\right)' = \sqrt{1+U}$	dynamisches Moment $M_m' = B\,L^3 \times$	Phasenverschiebung ϑ_0'
	0,5	0,0	0,2000	0,4240	0,6240	—	0,1205	35° 0′
	0,6	0,2	0,2400	0,5046	0,7446	—	0,1383	33° 40′
	0,667	0,333	0,2667	0,5660	0,8327	—	0,1412	31° 40′
I.	0,7	0,4	0,2800	0,6021	0,8821	—	0,1390	30° 0′
	0,8	0,6	0,3200	0,7526	1,0726	—	0,1174	23° 0′
	0,9	0,8	0,3600	0,9805	1,3405	—	0,0688	12° 30′
	1,0	1,0	0,4000	1,2650	1,6650	—	0,0000	—
	0,5	0,0	0,2000	0,4240	0,6240	1,129	0,1862	90°
	0,6	0,2	0,2400	0.5046	0,7446	1,125	0,2155	»
	0,667	0,333	0,2667	0,5660	0,8327	1,120	0,2264	»
II.	0,7	0,4	0,2800	0,6021	0,8821	1,115	0,2280	»
	0,8	0,6	0,3200	0,7526	1,0726	1,096	0,2175	»
	0,9	0,8	0,3600	0,9805	1,3405	1,069	0,1718	»
	1,0	1,0	0,4000	1,2650	1,6650	—	0,0000	·

Um für jeden beliebigen Wert von α die in dieser Zahlentafel enthaltene Untersuchung verwerten zu können, sind die Ergebnisse, soweit sie die geschilderte Aenderung der Prozentsätze betreffen, auch in den Kurven Fig. 28a und 28b für beide Fälle graphisch wiedergegeben.

Wir ersehen aus der Zahlentafel bezw. der graphischen Darstellung Folgendes:

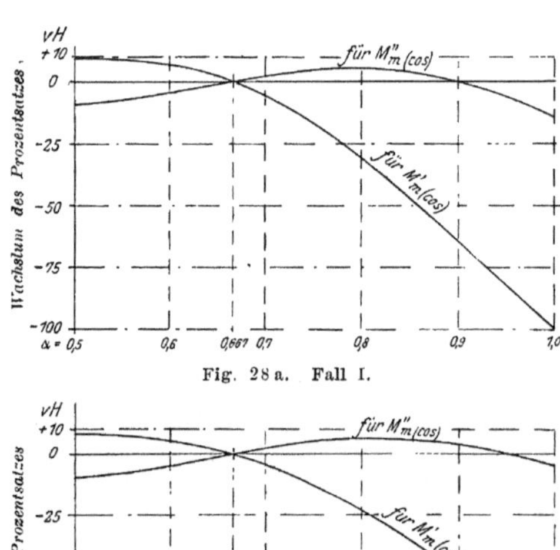

Fig. 28a. Fall I.

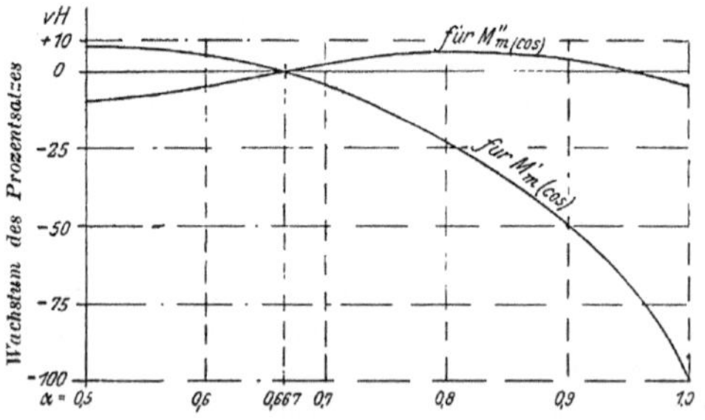

Fig. 28b. Fall II.

tafel B.

Fall II: Synchronismus: $\frac{k}{n} = \frac{m}{n} = 1$; für $M_m'(\cos)$ maßgebend $\left(\frac{k}{n}\right)' = \sqrt{1+U}$; $\varkappa = {}^1/_{25}$.

dynamisches Moment M_m (cos) $= BL^3 \times$	$100 \times \frac{M_m'(\cos)}{M_m}$ vH	Wachstum des Prozentsatzes gegen $\alpha = 0,667$ vH	dynamisches Moment $M_m'' = BL^3 \times$	Phasenverschiebung ϑ'_0	dynamisches Moment M_m'' (cos) $= BL^3 \times$	$100 \times \frac{M_m''(\cos)}{M_m}$ vH	Wachstum des Prozentsatzes gegen $\alpha = 0,667$ vH
0,0987	15,80	+ 9,7	0,0296	141° 0′	0,0229	3,67	— 8,9
0,1146	15,38	+ 6,8	0,0370	»	0,0287	3,85	— 4,6
0,1200	14,40	± 0,0	0,0432	»	0,0336	4,03	± 0,0
0,1202	13,61	— 5,5	0,0470	140° 50′	0,0364	4,12	+ 2,2
0,1076	10,03	— 30,4	0,0591	140° 30′	0,0456	4,25	+ 5,5
0,0671	5,00	— 65,3	0,0715	139° 10′	0,0540	4,03	± 0,0
0,0000	0,00	— 100,0	0,0791	136° 20′	0,0572	3,67	— 14,6
0,0990	15,86	+ 8,2	0,0388	180°	0,0388	6,22	— 9,1
0,1154	15,50	+ 5,4	0,0486	»	0,0486	6,52	— 4,7
0,1222	14,66	± 0,0	0,0570	»	0,0570	6,84	± 0,0
0,1245	14,10	— 3,8	0,0620	»	0,0620	7,03	+ 2,8
0,1205	11,23	— 23,4	0,0781	»	0,0781	7,28	+ 6,4
0,0987	7,36	— 49,8	0,0954	»	0,0954	7,11	+ 3,9
0,0000	0,00	— 100,0	0,1084	»	0,1084	6,51	— 4,8

Der Einfluß des Tauchschwingungsmoments ist um so größer, je kleiner α. Es war dies nach dem Ergebnis der entsprechenden auf S. 59 ff. für die Schwingungsamplituden geführten Untersuchung zu erwarten. Da α in Praxis selten unter den für die Parabelform gültigen Wert $\alpha = 0,667$ heruntersinkt, stellen demnach die in Zahlentafel A berechneten Prozentsätze der Tauchschwingungsmomente gegenüber den statischen Momenten die praktisch vorkommenden Höchstsätze dar. Die Abnahme der Wirkung des Moments M_m' ist sehr beträchtlich für hohe Werte von α; für $\alpha = 1$, also für einen Körper mit rechteckförmiger Wasserlinie, verschwindet infolge Aufhörens der Tauchschwingungen auch das Zusatzmoment M_m' vollständig. Im Falle II, der, unter sonst gleichen Bedingungen, durch Steigerung der Schiffsgeschwindigkeit gegenüber Fall I entsteht, treten die dem Wesen nach gleichen Erscheinungen innerhalb der für praktische Fälle in Betracht kommenden Zone in etwas schwächerem Maße auf.

Die Wirkung des Zusatzmoments M_m'' wird überhaupt nicht wesentlich durch den Völligkeitsgrad α beeinflußt. Immerhin zeigt sich ein Maximum der Wirkung etwa bei $\alpha = 0,8$. Ein Unterschied zwischen den Fällen I und II tritt nur in sehr geringem Maße zutage.

Daß übrigens die hier für $\alpha = 0,667$ errechneten Prozentsätze der dynamischen Momente gegenüber dem statischen etwas von den entsprechenden aus Zahlentafel A ersichtlichen abweichen, ist aus der Verschiedenheit der den Zahlentafeln zugrunde liegenden Formen ohne weiteres erklärlich. Die Abweichung ist sogar noch als recht gering zu betrachten, und dies läßt vermuten, daß sich die aus der Parabelform abgeleiteten Verhältnisse, bei der Aehnlichkeit, die zwischen dieser und richtigen Schiffsformen herrscht, mit um so größerer Genauigkeit auf letztere werden übertragen lassen. Es ist dies der Grund, weshalb die Parabelform für die Berechnung der Hauptzahlentafel A benutzt und nur die durch die Veränderlichkeit von α gebotene Umrechnung auf die andere Form gegründet ist. Die Art und Weise, in welcher diese Umrechnung vorzunehmen ist, ist noch späterhin (S. 101) an einem Beispiel gezeigt.

Man könnte nun auf den Gedanken kommen, auch den Einfluß des Völligkeitsgrades des Deplacements δ auf das Größenverhältnis der Momente zu prüfen. Eine einfache Ueberlegung zeigt aber, daß dies unnötig ist. Es ist nämlich, wenn H der richtige, H' der mittlere Tiefgang, $H\delta = H'\alpha$, $\frac{H}{L}\delta = \alpha\varkappa$. Da also das Produkt $\frac{H}{L}\delta$ durch $\alpha\varkappa$ ausgedrückt ist, durch die bisherigen in unsere Untersuchung eingeführten Größen aber, unter denen ja auch $\varkappa$ und α, sämtliche Fälle eindeutig bestimmt sind, bleibt für δ keine selbständige Rolle mehr übrig. Es hängt dies mit der schon auf S. 55 gemachten Beobachtung zusammen, daß, bei konstanter Wasserlinienform, eine Aenderung der Unterwasserform des Schiffes auf die Schwingungen desselben keinen Einfluß auszuüben vermag, solange die Größe des Deplacements, oder, was dasselbe bedeutet, der mittlere Tiefgang erhalten bleibt.

2) Einfluß der Wellenlänge λ.

Die hierunter zu führende Untersuchung unterscheidet sich von den bisherigen insofern, als es uns hier nicht mehr darauf ankommen kann, die dynamischen Momente zu dem statischen in Beziehung zu setzen. Wenn wir das bisher getan haben, so geschah es aus dem Grunde, weil das unter Voraussetzung von Wellenlänge = Schiffslänge berechnete statische Moment den bisherigen Festigkeitsrechnungen zugrunde liegt, und wir daher den Unterschied der Rechnungsergebnisse durch Vergleich mit diesem Moment am besten zeigen konnten. Wenn nun aber die Wellenlänge veränderlich gedacht ist, so ändert sich ja auch dieses statische Moment selbst, wenigstens der von der Wellenform abhängige Teil, und wir können es daher jetzt nicht mehr zur Basis des Vergleiches nehmen. Es kann uns vielmehr nur darauf ankommen, zu untersuchen, ob bei einer Wellenlänge $\lambda \gtrless L$ ein Gesamtmaximalmoment auftreten kann, das das für $\lambda = L$ ermittelte an Größe übertrifft. Es wäre dies durchaus denkbar. Wir haben bei der Untersuchung des Einflusses der Wellenlänge auf die Schwingungsamplituden gesehen, daß, während die Amplitude der Stampfschwingungen sich für $\lambda > L$ nicht sehr wesentlich ändert, die der Tauchschwingungen bei wachsendem λ stetig zunimmt, und dies muß auch in dem entsprechenden Zusatzmoment M_m' zum Ausdruck kommen. Andererseits liefert für das statische Moment eine Wellenlänge $\lambda = L$ annähernd den Maximalwert. Es fragt sich, wo das Maximum der Summe der 3 Momente zu suchen ist.

Diese Frage erschöpfend zu beantworten, würde zu sehr weitläufigen Untersuchungen führen, denn es leuchtet ein, daß die Lage dieses Maximums bei den sehr verschiedenartigen Bedingungen, von denen wir dabei ausgehen können, auch sehr veränderlich sein wird. Es bleibt daher nichts anderes übrig, als daß wir wieder einige der vorher in Zahlentafel A dargestellten Fälle herausgreifen und aus deren Untersuchung in bezug auf ihr Verhalten bei veränderlicher Wellenlänge uns ein allgemeineres Bild der dabei auftretenden Verschiebungen zu machen suchen. Für diejenigen Größen, die von einer Aenderung der Wellenlänge nicht berührt werden, werden wir zweckmäßig die Voraussetzungen machen, unter denen die dynamischen Zusatzmomente ihre Höchstwerte im Vergleich zum statischen Moment erreichen, um durch Veranschaulichung derartiger Grenzzustände das überhaupt mögliche Maß der Verschiebung zu erkennen. Wir nehmen daher $x = {}^1/_{60} = 0{,}01667$ und $\left(\frac{J_0}{J} - 0{,}5\right) = 0{,}05$ an, welche Werte etwa die größten praktisch auftretenden sein dürften.

Im übrigen gehen wir wieder auf die Parabelform zurück — der Einfluß von α kann dann allerdings nicht mit in Rücksicht gezogen werden — und legen die für $\varkappa = {}^1/_{25}$ und $\frac{i_w}{i} = 1{,}0$ in Zahlentafel A berechneten 3 Fälle zugrunde. Es kommt bei der Auswahl dieser Fälle, um möglichst verschiedenartige Bedingungen zu haben, in der Hauptsache nur darauf an, daß die Werte von $\frac{k}{n}$ bezw. $\frac{m}{n}$ genügend große Verschiedenheiten aufweisen, ob diese jedoch hervorgerufen sind durch Aenderung von $\frac{V_s}{\sqrt{L}}$ oder von $\varkappa$ oder von $\frac{i_w}{i}$, ist wenig von Belang. Aus diesen für $\lambda = L$ geltenden Werten $\frac{k}{n}$, die wir Grundverhältnisse nennen und mit $\frac{k}{n_0}$ bezeichnen wollen, lassen sich die einem beliebigen anderen Verhältnis $\frac{\lambda}{L}$ entsprechenden Werte $\frac{k}{n}$ wie folgt ableiten:

$$\frac{k}{n} = \frac{k}{n_0} \cdot \frac{n_0}{n} = \frac{k}{n_0} \cdot \frac{\frac{V_s + 1{,}25\sqrt{L}}{L}}{\frac{V_s + 1{,}25\sqrt{\lambda}}{\lambda}} = \frac{k}{n_0} \cdot \frac{\lambda}{L} \cdot \frac{\frac{V_s}{\sqrt{L}} + 1{,}25}{\frac{V_s}{\sqrt{L}} + 1{,}25\sqrt{\frac{\lambda}{L}}}.$$

Die Werte von M_m^w, M_m' und M_m'' sowie die in $\frac{w_1^2}{n^2}$ und $\frac{w_2^2}{n^2}$ auftretenden Größen Q und $\frac{N}{J_w} R$ waren schon auf S. 87 für beliebige Wellenlängen ermittelt. Wir haben daher bereits sämtliche Grundlagen zur Berechnung der nachstehenden Zahlentafel C, zu deren Erklärung nur noch Folgendes zu bemerken ist.

Das statische Moment $M_0{}^0$ des Schiffes im glatten Wasser ist nicht mit aufgenommen, weil es auf das Maximum des Gesamtmoments und dessen Lage keinen Einfluß hat. Fortgelassen sind ferner, als nicht unmittelbar verwertbar, die vollständigen Zusatzmomente M_m' und M_m'' nebst ihren Phasenverschiebungen, und nur die Kosinusglieder der Momente sind berücksichtigt; über die für deren Maximalwerte maßgebenden Verhältnisse $\frac{k}{n}$ bezw. $\frac{m}{n}$ gelten dieselben Bemerkungen wie früher. Es sind gebildet die Summen $M_m^w + M_m'{}_{(\cos)} = M_I$ und $M_m^w + M_m''{}_{(\cos)} = M_{II}$, und die Differenzen, welche sich ergeben zwischen denjenigen Werten M_I bezw. M_{II}, die für $\frac{\lambda}{L} \gtrless 1$, und denen, die für $\frac{\lambda}{L} = 1$ berechnet sind (letztere mit dem Index ^{0} versehen), sind in Prozenten von $M_I{}^0$ bezw. $M_{II}{}^0$ angegeben. Von einer Bildung der Gesamtsumme $M_m^w + M_m'{}_{(\cos)} + M_m''{}_{(\cos)}$ wurde Abstand genommen, einmal weil der Berechnung von $M_m'{}_{(\cos)}$ und $M_m''{}_{(\cos)}$ wegen der voneinander abweichenden Lage ihrer Maximalwerte nicht immer die gleichen Bedingungen bezüglich $\frac{k}{n}$ und $\frac{m}{n}$ zugrunde gelegt werden konnten, zweitens, weil je nach dem Vorzeichen dieser beiden Zusatzmomente mehrere verschiedene Kombinationen möglich sind, die jede eine andere Größe und Lage des Gesamtmaximalmoments zur Folge haben. Die für einen bestimmten Fall zutreffenden Verhältnisse lassen sich aber auch ohne dies leicht übersehen. Um übrigens einen besseren Einblick in den Zusammenhang der Erscheinungen, wie sie hier zutage treten, zu gewähren, habe ich die Werte von $f'_{\left(\frac{\lambda}{L}\right)}$ und $f^{\cos}_{\left(\frac{n}{k}\right)}$ bezw. $f''_{\left(\frac{\lambda}{L}\right)}$ und $f^{\cos}_{\left(\frac{n}{m}\right)}$, die zur Berechnung von $M_m'{}_{(\cos)}$ und $M_m''{}_{(\cos)}$ führen, mit hinzugefügt. Nicht nötig war dies bei der für M_m^w

maßgebenden Größe $f_{\left(\frac{\lambda}{L}\right)}$, da M_m'' direkt proportional $f_{\left(\frac{\lambda}{L}\right)}$. Es ergeben sich folgende Zahlen:

Zahlentafel C. $\left(x = 0{,}01667;\right.$

Fall	$\frac{\lambda}{L}$	$\frac{k}{n}$	statisches Moment $M_m^w = B L^3 \times$	$\left(\frac{k}{n}\right)' = \sqrt{1+U}$	$f^{\cos}_{\left(\frac{n}{k}\right)}$	$f'_{\left(\frac{\lambda}{L}\right)}$	dynamisches Moment M_m' (cos) $= B L^3 \times$	$M_m^w + M_m'$ (cos) $= M_I = B L^3 \times$
I. $\frac{V_s}{\sqrt{L}} = 0{,}6$; $\frac{k}{n_0} = 1{,}347$	0,8	1,160	0,5602	—	2,806	0,270	0,0641	0,6243
	0,9	1,259	0,5963	—	1,668	0,614	0,0865	0,6828
	1,0	1,347	0,6108	—	1,200	1,000	0,1012	0,7120
	1,1	1,436	0,6102	—	0,944	1,410	0,1124	0,7226
	1,2	1,523	0,6001	—	0,757	1,828	0,1170	0,7171
	1,5	1,755	0,5450	—	0,481	3,080	0,1251	0,6701
II. $\frac{V_s}{\sqrt{L}} = 0{,}9$; $\frac{k}{n_0} = 1{,}158$	0,8	0,989	0,5602	1,060	4,640	0,270	0,1060	0,6662
	0,9	1,076	0,5963	1,089	2,980	0,614	0,1544	0,7507
	1,0	1,158	0,6108	—	2,208	1,000	0,1862	0,7970
	1,1	1,240	0,6102	—	1,605	1,410	0,1910	0,8012
	1,2	1,320	0,6001	—	1,225	1,828	0,1890	0,7891
	1,5	1,540	0,5450	—	0,695	3,080	0,1810	0,7260
III. $\frac{V_s}{\sqrt{L}} = 1{,}2$; $\frac{k}{n_0} = 1{,}016$	0,9	0,940	0,5963	1,089	2,980	0,614	0,1544	0,7507
	1,0	1,016	0,6108	1,112	2,280	1,000	0,1925	0,8033
	1,1	1,091	0,6102	1,132	1,878	1,410	0,2335	0,8437
	1,2	1,162	0,6001	—	1,630	1,828	0,2514	0,8515
	1,3	1,233	0,5760	—	1,395	2,248	0,2650	0,8410
	1,5	1,367	0,5450	—	0,987	3,080	0,2568	0,8018

Die Ergebnisse der Zahlentafel C sind der besseren Anschaulichkeit wegen auch in den Kurven, Fig. 29 a, b, c, wiedergegeben, die die Einzelmomente M_m'', $M_m'(\cos)$ und $M_m''(\cos)$ sowie die Momentensummen M_I und M_{II} als Funktionen von $\frac{\lambda}{L}$ zeigen.

Alle 3 Fälle weisen die gemeinsame Erscheinung auf, daß die Maxima der Momentensummen M_I und M_{II} in ziemlicher Nähe des Wertes $\frac{\lambda}{L} = 1$ auftreten, und zwar das von M_I für ein $\frac{\lambda}{L} > 1$, das von M_{II} für ein $\frac{\lambda}{L} \leqq 1$. Im allgemeinen überschreiten diese Maximalwerte an Größe nur sehr unwesentlich die für $\frac{\lambda}{L} = 1$ geltenden Werte M_I^0 und M_{II}^0. Die Fälle, in denen das Ueberschreiten dieser Werte noch am fühlbarsten hervortritt und die deshalb Berücksichtigung verdienen könnten, sind folgende:

Bei dem Moment M_I Fall III, bei dem das Grundverhältnis $\frac{k}{n_0}$ = rd. 1 ist; dann fallen nämlich die für $\frac{\lambda}{L} = 1{,}1 - 1{,}2$ sich ergebenden Werte von $\frac{k}{n}$ in die Zone, in der das Maximum von $M_m'(\cos)$ liegt, und so kann hier die aus der Zahlentafel ersichtliche Steigerung der Größen $f'_{\left(\frac{\lambda}{L}\right)}$ mit wachsendem $\frac{\lambda}{L}$, die sonst durch die gleichzeitige starke Abnahme von $f^{\cos}_{\left(\frac{n}{\lambda}\right)}$ fast immer unwirksam gemacht wird, mehr als sonst zur Geltung kommen.

Bei dem Moment M_{II} Fall II, bei dem das Grundverhältnis $\frac{m}{n_0}$ so beschaffen ist, daß eine verhältnismäßig geringe Abnahme der Wellenlänge durch die damit verbundene Annäherung an den Synchronismus eine sehr beträchtliche Steigerung des Wertes $f^{\cos}\left(\frac{n}{m}\right)$ herbeiführt, und es tritt daher trotz der gleich-

$\left(\frac{J_0}{J} - 0{,}5\right) = 0{,}05;\quad \varkappa = {}^1/_{25};\quad \frac{i_w}{i} = 1{,}0\Big)$.

$100 \times \frac{M_I - M_I^0}{M_I^0}$ vH	$\frac{m}{n}$	$f^{\cos}\left(\frac{n}{m}\right)$	$f''\left(\frac{\lambda}{L}\right)$	dynamisches Moment M_m'' (cos) $= B L^3 \times$	$M_m^w + M_m''$ (cos) $= M_{II} = B L^3 \times$	$100 \times \frac{M_{II} - M_{II}^0}{M_{II}^0}$ vH
−12,3	1,160	1,428	0,569	0,1028	0,6630	− 0,2
− 4,1	1,259	0,728	0,777	0,0711	0,6674	+ 0,5
± 0,0	1,347	0,444	0,954	0,0535	0,6643	± 0,0
+ 1,5	1,436	0,286	1,094	0,0397	0,6499	− 2,2
+ 0,7	1,523	0,197	1,230	0,0306	0,6307	− 5,2
− 1,7	1,755	0,087	1,488	0,0163	0,5613	−16,0
−16,4	1,000	3,140	0,569	0,2265	0,7867	+ 0,4
− 5,8	1,076	2,220	0,777	0,2165	0,8120	+ 3,7
± 0,0	1,158	1,430	0,954	0,1730	0,7838	± 0,0
+ 0,5	1,240	0,909	1,094	0,1260	0,7362	− 6,1
− 1,0	1,320	0,598	1,230	0,0922	0,6923	−11,7
− 8,9	1,540	0,210	1,488	0,0396	0,5846	−25,4
− 6,6	1,000	2,690	0,777	0,2620	0,8583	− 4,4
± 0,0	1,016	2,372	0,954	0,2870	0,8979	± 0,0
+ 5,0	1,051	1,848	1,094	0,2560	0,8662	− 3,5
+ 6,0	1,162	1,352	1,230	0,2102	0,8103	− 9,7
+ 4,0	1,233	0,920	1,326	0,1546	0,7306	−18,6
− 0,2	1,367	0,495	1,488	0,0930	0,6380	−28,9

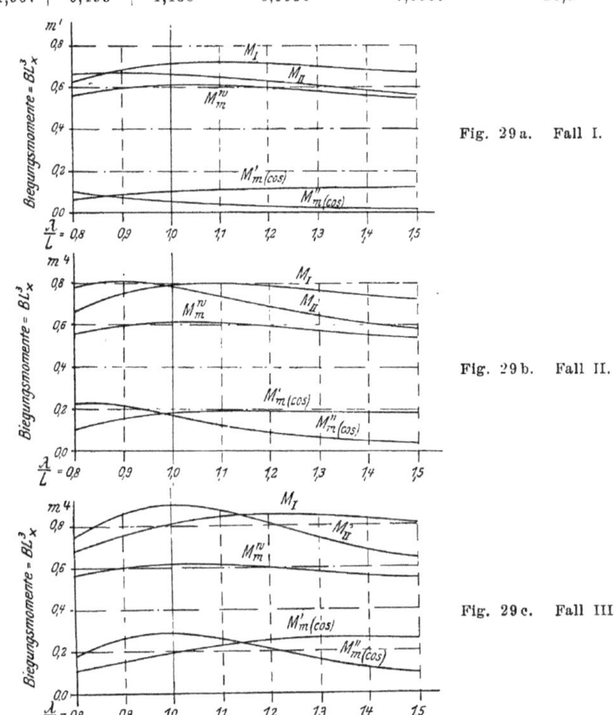

Fig. 29a. Fall I.

Fig. 29b. Fall II.

Fig. 29c. Fall III.

zeitigen Abnahme von $f''\left(\frac{\lambda}{L}\right)$ und des Momentes M_m'' etwa bei $\frac{\lambda}{L} = 0{,}9$ ein deutliches Maximum von M_{II} auf.

Es liegt nichts im Wege, falls man einem der beiden hier erwähnten Fälle begegnen sollte, den Einfluß der Wellenlänge λ durch eine entsprechende Korrektur, die man nach den gemachten Angaben leicht schätzungsweise, ohne besondere Rechnung, wird einführen können, zu berücksichtigen. Im allgemeinen aber, zumal wenn wir bedenken, daß die angegebenen Zahlen die größtmögliche Abweichung von dem Normalfalle $\frac{\lambda}{L} = 1$ darstellen, erscheint die Folgerung berechtigt, daß wir uns, wie bisher, auf diesen allein beschränken.

Indem wir daher jetzt zu Zahlentafel A zurückkehren, können wir die dort zusammengestellten Zahlen als maßgebend ansehen, nur ein von dem Wert $0{,}667$ abweichendes α ist nach Zahlentafel B zu berücksichtigen. Zahlentafel A lehrt uns nun Folgendes:

1) Je größer $\frac{V_s}{\sqrt{L}}$, d. h je größer die Maximalgeschwindigkeit des Schiffes im Verhältnis zur Wurzel aus seiner Länge unter sonst gleichen Bedingungen, um so größer ist der Einfluß der dynamischen Zusatzmomente gegenüber dem statischen Moment, wenigstens bis zu der Grenze, die durch den Maximalwert der Kosinusmomente gekennzeichnet ist.

2) Je größer $\varkappa$, d. h. je größer der mittlere Tiefgang H' im Verhältnis zur Länge unter sonst gleichen Bedingungen, um so größer ist der Einfluß der dynamischen Zusatzmomente, wenigstens solange das Wachstum von $\varkappa$ noch nicht das Ueberschreiten der Maximalwerte der Kosinusmomente bewirkt hat. Ist dies aber geschehen, so überwiegt das Wachstum des statischen Momentes infolge der mit $\varkappa$ proportionalen Zunahme von M_0^0.

3) Je kleiner $\frac{i_w}{i}$, d. h. je mehr unter sonst gleichen Bedingungen die Belastung des Schiffes nach den Enden hin verschoben wird, um so größer ist der Einfluß des Zusatzmomentes M_m''. Die Zunahme desselben ist sehr stark in der vom Synchronismus entfernter liegenden Zone, nimmt aber mit fortschreitender Annäherung an diesen Zustand merklich ab.

Ferner geht aus der Abhängigkeit der Momente von den Größen x und $\left(\frac{J_0}{J} - 0{,}5\right)$, wie sie aus den Formeln S. 87 und 88 zu ersehen ist, hervor:

4) Je größer x, d. h. je größer das statische Moment M_0^0 des Schiffes im glatten Wasser, um so größer ist der Einfluß des dynamischen Momentes M_m', da an einem mit x proportionalen Wachstum des letzteren nur der eine Teil M_0^0 des statischen Momentes teilnimmt, während der andere M_m'' von x unabhängig ist. Umgekehrt, je größer x, um so mehr sinkt der Einfluß des Zusatzmomentes M_m'', das ja in keiner Beziehung zu x steht.

5) Je größer $\frac{J_0}{J}$, d. h. je ungleicher die Gewichtsverteilung auf die beiden Schiffshälften, um so größer ist der Einfluß des dynamischen Zusatzmomentes M_m'', und zwar wächst dies Moment direkt proportional der Größe $\left(\frac{J_0}{J} - 0{,}5\right)$.

Was den Einfluß der beiden dynamischen Momente im Vergleich zueinander anbetrifft, so kann man diesen erst genauer beurteilen unter Berücksichtigung der jeweiligen Werte von x und $\left(\frac{J_0}{J} - 0{,}5\right)$. Doch finden wir offenbar unsere schon früher (S. 84) gemachte Bemerkung bestätigt, daß bei Schiffen mit geringer Geschwindigkeit — sollte deren Gewichtsverteilung nicht gerade sehr ungünstig sein $\left(\frac{i_w}{i} = 0{,}9\right)$ — der Einfluß des durch die Tauchschwingungen hervorgerufenen Zusatzmomentes in erster Linie maßgebend ist, wenn auch bei solchen langsamen Schiffen überhaupt sich die dynamische Wirkung der Wellenbewegung in bescheidenen Grenzen hält. Je mehr bei wachsender Maximalgeschwindigkeit der Zustand des Synchronismus in den Bereich der Möglichkeit gerückt wird, um so mehr wächst der Einfluß des Stampfschwingungsmomentes M_m'', der denn auch, außer wenn die Gewichtsverteilung über die beiden Schiffshälften ganz oder nahezu symmetrisch zu Mitte Schiff ist, numerisch den von M_m' übertreffen wird und zu sehr bemerkenswerter Höhe ansteigen kann. Setzen wir die Gewichtsverteilung als stark unsymmetrisch voraus, etwa $\left(\frac{J_0}{J} - 0{,}5\right) \backsim \pm 0{,}05$, so haben wir die in der letzten Vertikalreihe der Zahlentafel A stehenden Prozentwerte mit 5 zu multiplizieren und gelangen dann zu Werten bis zu 30 bis 40 vH, sogar zu noch höheren, wenn das statische Moment $M_0{}^0$ sehr klein ist. Wir sehen aber auch, daß schon eine verhältnismäßig geringe Abweichung von der Symmetrie der Gewichtsverteilung, entsprechend einem $\left(\frac{J_0}{J} - 0{,}5\right) \backsim 0{,}02 - 0{,}025$, sich schon ziemlich stark fühlbar macht und daß daher die Wirkung dieses Zusatzmomentes nicht zu unterschätzen ist.

Der Höchstwert, den das Moment M_m' im Verhältnis zum statischen Moment annehmen kann, ist zu ermitteln, indem wir für x seinen Höchstwert, $\backsim {}^1/_{60} = 0{,}01667$ setzen und demgemäß $M_0{}^0$ und M_m' mit $1{,}667$ multiplizieren. Der betreffende Prozentsatz steigt dann im ungünstigsten Falle $\left(\frac{V_s}{\sqrt{L}} = 1{,}2\right)$ bis etwa 18 vH.

In welcher Weise nun Zahlentafel *A* und B bezw. die zu letzterer gehörigen Kurven zu benutzen sind, sei kurz an einem Beispiel gezeigt:

Es sei $\frac{V_s}{\sqrt{L}} = 0{,}9$, $\varkappa = {}^1/_{25}$, $\frac{i_w}{i} = 0{,}9$, $x = + {}^1/_{80} = + 0{,}0125$, $\left(\frac{J_0}{J} - 0{,}5\right) = 0{,}025$, $\alpha = 0{,}75$. Da x und $\left(\frac{J_0}{J} - 0{,}5\right)$ positiv sind, ist nach früherem das im Wellental auftretende positive Gesamtmoment das absolut größte.

Es ist zunächst Zahlentafel A zu benutzen, als ob $\alpha = 0{,}667$ wäre. Danach ist

$$M_0{}^0 = + 0{,}2667 \times 1{,}25 = + 0{,}3333\, BL^3$$
$$M_m{}'' \text{ (Wellental)} \ldots = + 0{,}6108\, BL^3$$
$$\text{Statisches Moment } M_m = + 0{,}9441\, BL^3$$

$M_{m\,(\cos)}{}'$(Wellental) $= + 0{,}1117 \times 1{,}25 = + 0{,}1397\, BL^3$; $100 \times \frac{0{,}1397}{0{,}9441} =$ 14,80 vH

Einfluß von α, zu entnehmen aus Kurve Fig. 28a, zeigt Abnahme des Prozentsatzes um rd. 16 vH für $\alpha = 0{,}75$: $- 14{,}80 \times 0{,}16 =$ — 2,37 »

bleibt: 12,43 vH.

$M_{m\,(\cos)}{}''$ (Wellental) $= + 0{,}0600 \times 2{,}5 = 0{,}1500\, BL^3$; $100 \times \frac{0{,}1500}{0{,}9441} =$ 15,89 vH

Einfluß von $\alpha = 0{,}75$: Zunahme des Prozentsatzes um etwa 5 vH:
$15{,}89 \times 0{,}05$ . . . . = + 0,79 »

16,68 vH.

Resultat: Zuwachs zum statischen Moment um $12{,}43 + 16{,}68 =$ rd. **29** vH.

In genau derselben Weise ist in praktischen Fällen zu verfahren, in denen also zunächst die charakteristischen Größen $\frac{V_s}{\sqrt{L}}$, $\varkappa$, $\frac{i_w}{i}$, α, x und $\left(\frac{J_0}{J} - 0{,}5\right)$ zu berechnen sind, wobei aber, wie schon S. 91 erwähnt, in letzterem Ausdruck statt 0,5 das Verhältnis $\frac{J_{w0}}{J_w}$ einzuführen ist. Obgleich in solchen Fällen für die erstgenannten 3 Größen in der Regel Werte sich ergeben werden, die in Zahlentafel A nicht unmittelbar verzeichnet stehen, so kann man doch für alle beliebigen Zwischenwerte die zugehörigen Zahlen mit Hülfe von Kurven leicht ermitteln, zu deren Konstruktion die berechneten Zahlen einen genügenden Anhalt gewähren. An Stelle der in dem Beispiel veranschaulichten Methode, die nur die Kosinusglieder der Zusatzmomente berücksichtigt, kann man der größeren Genauigkeit halber sich auch der vollständigen Zusatzmomente in Verbindung mit den zugehörigen Phasenverschiebungen bedienen, um dann auf graphischem Wege das Gesamtmaximalmoment zu finden. Empfehlen wird sich dies zum mindesten in dem Falle, daß der Zustand des Synchronismus in unmittelbarer Nähe liegt, weil dann das Sinusglied des Zusatzmoments M_m' seinen Höchstwert erreicht und daher trotz seiner nur indirekten Wirkung doch unter Umständen einen merklichen Einfluß ausüben kann.

Je nach Größe und Sinn der dynamischen Zusatzmomente, unter fernerer Berücksichtigung der in $f^{\cos}\left(\frac{n}{k}\right)$ und $f^{\cos}\left(\frac{n}{m}\right)$ enthaltenen Größen, wird nun die Lage des Gesamtmaximalmoments $M_{\max}^{\text{tot}}$, das schließlich der Festigkeitsberechnung zugrunde zu legen ist, verschieden sein. Ich will daher zum Schlusse eine Uebersicht geben darüber, wo in jedem Falle dies Gesamtmaximalmoment zu suchen ist. Die charakteristischen Merkmale sind, wie bekannt, ob $M_0{}^0 \gtrless 0$ und ob $\frac{J_0}{J} \gtrless \frac{J_{w0}}{J_w}$ ist. Die anderen Einflüsse seien durch $\frac{k}{n}$ bezw. $\frac{m}{n}$ ausgedrückt, worin $\frac{V_s}{\sqrt{L}}$, $\varkappa$ und $\frac{i_w}{i}$ enthalten sind. Die Höchstgeschwindigkeit gegen Wellenrichtung wird durch $\left(\frac{k}{n}\right)_{\min}$ bezw. $\left(\frac{m}{n}\right)_{\min}$ dargestellt. An der Hand der bisher in diesem Abschnitt gemachten Ausführungen, Zusammenstellungen usw. ergeben sich dann die nachfolgenden Regeln ohne Schwierigkeit:

1) $M_0{}^0 = +$:

α) $\frac{J_0}{J} > \frac{J_{w0}}{J_w}$: Ist $\left(\frac{k}{n}\right)_{\min} > \sqrt{1+U}$, so ist $M^{\text{tot}} = \max$ für $\left(\frac{k}{n}\right) = \min$; $< \sqrt{1+U}$, so entweder für $\frac{k}{n} = \sqrt{1+U}$ oder für $\frac{m}{n} = 1$; beide Fälle sind zu untersuchen;

β) $\frac{J_0}{J} = \infty \frac{J_{w0}}{J_w}$: $M^{\text{tot}} = \max$ für $\frac{k}{n} = \min$ bezw. $= \sqrt{1+U}$;

γ) $\frac{J_0}{J} < \frac{J_{w0}}{J_w}$: Zu untersuchen, ob für $\frac{k}{n} = \min$ bezw. $= \sqrt{1+U}$ Moment $M_m'{}_{(\cos)} \gtrless M''{}_{(\cos)}$. Wenn größer, so $M^{\text{tot}} = \max$ für $\frac{k}{n} = \min$ bezw. $= \sqrt{1+U}$; wenn kleiner, so wird auch für größere Werte von $\frac{k}{n}$ dem Einfluß des negativen $M_m''{}_{(\cos)}$ den des positiven $M_m'{}_{(\cos)}$, wenn nicht überwiegen, so doch annähernd ausgleichen, daher $M_{\max}^{\text{tot}} =$ stat. Moment M_m.

2) $M_o^0 = \infty\, 0$:

α) $\frac{J_0}{J} > \frac{J_{w0}}{J_w}$: $M^{tot} = \max$ für $\frac{m}{n} = \min$ bez. $= 1{,}0$;

β) $\frac{J_0}{J} = \infty\, \frac{J_{w0}}{J_w}$: $M^{tot}_{max} =$ stat. Moment M_m;

γ) $\frac{J_0}{J} < \frac{J_{w0}}{J_w}$: $M^{tot}_{max} =$ stat. Moment M_m.

3) $M_0 = -$:

α) $\frac{J_0}{J} > \frac{J_{w0}}{J_w}$: zwei Fälle zu unterscheiden:

α_1) $\left(\frac{m}{n}\right)_{min} < (\sqrt{1+U})\,\frac{i_w}{i}$, so $M^{tot} = \max$ für $\frac{m}{n} = \min$ bezw. $1{,}0$;

α_2) $\left(\frac{m}{n}\right)_{min} > (\sqrt{1+U})\,\frac{i_w}{i}$, so untersuchen, ob für $\frac{k}{n} = \min$ bez. $\sqrt{1+U}$ Moment $M_m'_{(\cos)} \gtrless M_m''_{(\cos)}$; wenn größer, so $M^{tot}_{max} =$ stat. Moment M_m, wenn kleiner, so $M^{tot} = \max$ für $\frac{k}{n} = \min$ bezw. $= \sqrt{1+U}$;

β) $\frac{J_0}{J} = \infty\, \frac{J_{w0}}{J_w}$: $M^{tot}_{max} =$ stat. Moment M_m, ausgenommen den seltenen Fall, daß $\left(\frac{k}{n}\right)_{min} < 1{,}0$, in welchem $M^{tot} = \max$ für $\frac{k}{n} = \min$ bezw. $= \sqrt{1-U}$;

γ) $\frac{J_0}{J} > \frac{J_{w0}}{J_w}$: $M^{tot}_{max} =$ stat. Moment M_m.

IV. Zusammenfassung der Hauptresultate.

Die Hauptresultate des zweiten Hauptteils, der von der Wirkung der durch die Wellen erzeugten Schwingungen auf die Längsbeanspruchung des Schiffskörpers handelt, gründen sich fast ausschließlich auf die im letzten Abschnitt B III gemachten Untersuchungen. Sie lassen sich mit wenigen Worten zusammenfassen. Für diejenigen Fälle, welche wegen sehr extremer Verhältnisse eine graphische Behandlung verlangen, kaben sie keine Gültigkeit. Die Hauptpunkte sind die folgenden:

a) Es läßt sich von vornherein auf Grund einfacher Kennzeichen beurteilen, ob die dynamische Wirkung der Wellenbewegung eine Erhöhung oder Verringerung der in der statischen Gleichgewichtslage auftretenden Beanspruchungen herbeiführt.

b) In der Mehrzahl der Fälle findet eine Verringerung statt; es ist dann die statische Gleichgewichtslage als der denkbar ungünstigste Fall für die Ermittlung der Biegungsmomente beizubehalten.

c) In den Fällen, in denen eine Erhöhung stattfindet, wird es in der Regel ausreichen, das Maß derselben auf Grund der Zahlentafeln A und B, nötigenfalls auch C, annähernd zu bestimmen: ein solches Verfahren entspricht dem ganzen Charakter der gegebenen Entwicklung als einer Annäherungsmethode. Erscheinen jedoch die speziellen Verhältnisse ein derartiges überschlägliches Verfahren zu verbieten (z. B. wegen starker Unsymmetrie der Wasserlinie), so ist das in BI gegebene vollständige, im übrigen aber verhältnismäßig einfache analytische Verfahren anzuwenden. Die Bedingungen, welche dabei als Unterlage zu dienen haben, sind jedenfalls der auf der Annäherungsrechnung beruhenden Zusammenstellung am Ende des vorigen Abschnitts zu entnehmen.

d) Der Beitrag, den das dynamische Moment der Tauchschwingungen zu der Erhöhung des statischen Biegungsmoments liefert, wird 15 vH des letzteren, der des Stampfschwingungsmoments 30 vH nur in den seltensten Fällen überschreiten.

Was das graphische Verfahren anbetrifft, so wird, abgesehen von ganz extremen Fällen, in denen man seine Anwendung von vornherein als unbedingt erforderlich erkennt, es sich in zweifelhaften Fällen, in denen man nicht sicher ist, ob die analytische Methode eine genügende Genauigkeit gewährleistet, empfehlen, durch Anwendung beider Methoden den Grad der Uebereinstimmung bezw. Abweichung zwichen beiden festzustellen, um so für die Behandlung ähnlicher Fälle eine sichere Grundlage zu gewinnen.

Zum Schluß möchte ich noch kurz auf folgende Weiterungen hinweisen, die sich aus der Verbindung der gewonnenen Resultate mit anderen Gesichtspunkten ergeben und deren genauere Untersuchung erwünscht wäre:

a) Aus der Feststellung der Tatsachen, welche zu einer Erhöhung des statischen Biegungsmoments durch die dynamischen Zusatzmomente führen, folgt ohne weiteres die Art und Weise, wie dem zu begegnen ist: es ist anzustreben, daß das statische Moment im glatten Wasser M_0^0 negativ oder 0 und daß $\frac{J_0}{J} \leqq \frac{J_{w0}}{J_w}$ ist. Ob sich diese Forderungen mit den sonstigen Konstruktionsrücksichten werden in Einklang bringen lassen, ist eine andere Frage, die sich so im allgemeinen, ohne näheres Eingehen auf die Einzelheiten der Gewichts- und Deplacementsverteilung, nicht wird beantworten lassen. In der Regel wird man annehmen können, daß, wo diese Forderungen nicht schon, wie sehr häufig der Fall, von vornherein erfüllt sind, ihrer Erfüllung auch beträchtliche Schwierigkeiten im Wege stehen werden, da eine grundlegende Aenderung derjenigen Gewichts- und Deplacementsverteilung, welche sich aus anderen Gründen als praktisch erwiesen hat, sich nur mit erheblichen anderen Nachteilen würde erkaufen lassen. Immerhin erscheint es von Wert, das, was vom Standpunkt der Vermeidung dynamischer Zusatzbeanspruchungen wünschenswert ist, hervorzuheben.

b) Es war schon in der Einleitung darauf aufmerksam gemacht worden, daß man den Einfluß der hydrodynamischen Druckverteilung in den Wellenschichten, den man seit lange kennt und der in oft sehr erheblichem Maße auf Verminderung der auf dem gewöhnlichen Wege gewonnenen Beanspruchung wirkt, bisher aus dem Grunde nicht berücksichtigt hat, weil man ihn als eine Art Sicherheitsfaktor gegenüber den unbekannten dynamischen Wirkungen der Wellenbewegung ansah. Sobald diese sich nun aber übersehen lassen, liegt kein Grund mehr vor, diesen sehr wichtigen Einfluß noch weiter zu vernachlässigen. Die Berücksichtigung desselben würde zur Folge haben, daß in den Fällen, wo die dynamischen Zusatzmomente einen Zuwachs zum statischen Momente liefern, dieser in erheblichem Maße reduziert, in der Regel wohl ganz ausgeglichen oder sogar in sein Gegenteil verkehrt werden würde. Die Größe dieses Einflusses ließe sich in jedem einzelnen Falle einfach dadurch feststellen, daß man in den Formeln, die zur Berechnung der Zahlentafeln benutzt sind, die halbe Wellenhöhe r nach Gl. (47) durch $r' = re^{-\frac{2\pi H'}{\lambda}} = \left(\text{mit } \frac{\lambda}{L} = 1\right) re^{-2\pi\varkappa}$ ersetzte. Im anderen Falle, wenn die dynamischen Zusatzmomente auf Verkleinerung des statischen Biegungsmoments wirken, kommt die Entlastung durch den Einfluß des hydrodynamischen Druckes in ihrer vollen Größe, d. i. bis zu 30 bis 40 vH, gegenüber dem statischen Moment zur Geltung. Diese gewissermaßen indirekte Folge unserer Untersuchung erscheint von nicht zu unterschätzender Bedeutung, denn sie würde in der Mehrzahl aller Fälle eine erheblich schwächere Bemessung der Längsverbände rechtfertigen.

Anhang.

Die dynamische Wirkung der Wellenbewegung auf die Längsbeanspruchung eines Torpedobootes.

Hauptabmessungen des Bootes:

L = Länge in der Wasserlinie . . . 64,00 m
B = Breite » » » . . . 6,75 »
H = Tiefgang (mit vollen Kohlen) . . 2,15 »
P = Deplacement (mit vollen Kohlen) . 460 m³ = 472 t

Fig. 1 (Tafel I) zeigt uns den Spantenriß des Bootes, Fig. 2 den Längsriß, zugleich sind in dieser Figur die Deplacementskala und die Gewichtskurve eingetragen. Letztere ist, um die spätere Rechnung abzukürzen, auf eine möglichst einfache Form gebracht worden, gibt aber doch durchaus genau genug die tatsächliche Gewichtsverteilung wieder. Der Schwerpunkt des Gewichts liegt 0,55 m hinter Mitte Schiff, das Massenträgheitsmoment, bezogen auf Mitte Schiff, ist $J = 8084$, folglich $i^2 = \frac{8084 \cdot 9{,}81}{472} = 168{,}0\ \mathrm{m}^2$.

Es waren schon auf Seite 43 eingehend die Gründe auseinandergesetzt worden, weshalb ein solches Torpedoboot für unsere Untersuchung einen ganz extremen Fall darstellt. Der Spantenriß, Fig. 1, läßt ja auch auf den ersten Blick erkennen, wie wenig namentlich die eine Annahme, die dem analytischen Verfahren zugrunde lag, nämlich die senkrechter Schiffswände im Bereich der Wellenzone, hier zutrifft. Trotzdem führen wir, einmal um dies Verfahren an einem praktischen Beispiel zu zeigen, und zweitens, um das spätere graphische Verfahren vorzubereiten (vergl. S. 45), zunächst die analytische Methode durch.

Ueber die Geschwindigkeit, die wir annehmen müssen, um das Maximum des Gesamtbiegungsmoments zu erhalten, befinden wir uns hier etwas im Unklaren, da die Regeln, die wir auf S. 102/103 darüber entwickelt haben, hier nicht zutreffen können. Die Maximalgeschwindigkeit beträgt 28 bis 30 Knoten; wenn wir uns jedoch das Boot in so schwerem Seegang denken, wie es bei einer Wellenlänge = Schiffslänge (64 m) der Fall ist, könnte eine solche Geschwindigkeit sowieso nicht aufrecht erhalten werden, und ich habe dieselbe daher schätzungsweise bis auf 22 Knoten = 11,32 m/sk reduziert und diese als Basis der Rechnung gewählt. Ob mit dieser Geschwindigkeit die größte dynamische Wirkung in bezug auf die Längsbeanspruchung verbunden ist, werden wir später beurteilen können.

Die Wellenlänge λ ist = Schiffslänge angenommen, die halbe Wellenhöhe $r = 1{,}5$ m.

Die nachstehenden Zahlentafeln A und B enthalten die Berechnung der Größen F, J_w und $\frac{N}{J_w}$, sowie a, a', b, b'. Der Spantabstand ist $h = \frac{L}{6} = 10{,}67$ m, folglich $\frac{h}{3} = 3{,}555$, $\frac{h^2}{3} = 37{,}93$, $\frac{h^3}{3} = 404{,}6$.

Zahlentafel A.

Spant	Aufmaße der C. W. L.	Koeffizient	Produkt	(Heb)²	Produkt	Heb.	Produkt
0	0,18	1	0,18	9	1,62	3	4,86
2	5,35	4	21,40	4	85,60	2	171,20
4	6,68	2	13,36	1	13,36	1	13,36
6	6,75	4	27,00	0	0,00	0	0,00
8	5,80	2	11,60	1	11,60	1	11,60
10	3,50	4	14,00	4	56,00	2	112,00
12	0,06	1	0,06	9	0,54	3	1,62
			87,60		168,72		314,64
			$\cdot \frac{h}{3} = 3{,}555$		$\cdot \frac{h^3}{3} = 404{,}6$		$\frac{N}{J} = h \cdot \frac{314{,}64}{168{,}72} = 19{,}9\ m$
			$F = 311{,}4\ m^2$		$J_w = 68264\ m^4$		
					$i_w^2 = \frac{68264}{311{,}4} = 219{,}2\ m^2$		

Zahlentafel B.

I	II	III	IV	V	VI	VII	VIII	IX	X	XI	XII
Spant	Aufmaße der C. W. L.	Koeffizient	Produkt	$\frac{x}{L}$	$\cos \frac{2\pi x}{L}$	$\sin \frac{2\pi x}{L}$	IV × VI	IV × VII	Heb.	IX × X	VIII × X
0	0,18	1	0,18	+0,500	-1,0	+0,000	− 0,18	± 0,00	+3	± 0,00	− 0,54
2	5,35	4	21,40	+0,333	−0,5	+0,866	−10,70	+18,53	+2	+37,06	−21,40
4	6,68	2	13,36	+0,167	+0,5	+0,866	+ 6,68	+11,57	+1	+11,57	+ 6,68
6	6,75	4	27,00	±0,000	+1,0	±0,000	+27,00	± 0,00	±0	± 0,00	± 0,00
8	5,80	2	11,60	−0,167	+0,5	−0,866	+ 5,80	−10,05	−1	+10,05	− 5,80
10	5,50	4	14,00	−0,333	−0,5	−0,866	− 7,00	−12,12	−2	+24,24	+14,00
12	0,06	1	0,06	−0,500	−1,0	±0,000	− 0,06	± 0,00	−3	± 0,00	+ 0,18
							+21,54	+ 7,93		+82,92	− 6,88
							$\cdot \frac{h}{3} = 3{,}555$	$\cdot 3{,}555$		$\cdot \frac{h^2}{3} = 37{,}93$	$\cdot 37{,}93$
							$a = +76{,}6\ m^2$	$a' = +28{,}2\ m^2$		$b = +3144\ m^3$	$b' = -261\ m^3$

Mit den so erhaltenen Werten würde man für gewöhnlich weiter rechnen. Ich möchte hier aber noch einen Vergleich zwischen diesen, auf Grund des Kriloffschen Verfahrens ermittelten Werten, und denjenigen anschließen, die sich durch Konstruktion der Readschen Kurven ergeben, und dann letztere, als die korrigierten Werte, zur Weiterrechnung benutzen.

Die Readschen Kurven habe ich wiederum konstruiert einmal auf Grund der genauen Trochoidenwelle, welche die richtige hydrodynamische Druckverteilung aufweist, und zweitens auf Grund der angenäherten Welle mit hydrostatischer Druckverteilung, aber nach Gl. (47) reduzierter Wellenhöhe. Mit $H' = \frac{V}{F} = \frac{460}{311{,}4} = 1{,}48$ ist $r' = r e^{-\frac{2\pi H'}{L}} = 1{,}5\, e^{-0{,}145} \cong 1{,}30$ m. Fig. 3 (Tafel I), in der diese Kurven dargestellt sind, läßt erkennen, daß zwischen den Kurven für φ_{st} eine sehr gute Uebereinstimmung, und zwischen denen für z_{st} in der Hauptsache nur der Unterschied besteht, daß die mittlere Gleichgewichtslage bei der Welle mit genauer Druckverteilung merklich tiefer liegt als bei der angenäherten Welle. Auf die Schwingungen hat eine solche Verschiebung der mittleren statischen Gleichgewichtslage, wie wir gesehen haben, nur den Einfluß, daß auch die Schwingungsnullagen um annähernd dasselbe Stück gegeneinander verschoben erscheinen, während die Schwingungen selbst im übrigen unverändert bleiben. Die Deplacementsverteilung ferner ist, wie wir noch später (Fig. 11, Tafel III) sehen werden, in beiden Fällen fast genau die gleiche, und so können wir die angenäherte Welle in jeder Hinsicht zum Ersatz der genauen benutzen, nur wenn wir die dynamischen Lagen des Schiffes in der Welle darstellen wollen (wie in Fig. 8, Tafel II), haben wir der Verschiebung der Schwingungsnullage Rechnung zu tragen.

Wir haben nun die Readschen Kurven, um sie für die analytische Rechnung zu benutzen, annähernd durch Sinoiden zu ersetzen. Dies geschieht in folgender Weise: Wir entnehmen den Kurven die für 4 gleichweit voneinander entfernt liegende Zeitpunkte auftretenden Abweichungen der statischen Gleichgewichtslagen in der Welle von der im glatten Wasser; am besten wählen wir dazu die Zeitpunkte, die den Gleichgewichtslagen des Schiffes im Wellenberg und Wellental, sowie auf halber Wellenhöhe entsprechen, also $t = 0, \frac{T}{4}, \frac{T}{2}, \frac{3\,T}{4}$. Die zugehörigen Tauchungsdifferenzen gegen die Lage im glatten Wasser seien z_1, z_2, z_3, z_4, die Neigungen $\varphi_1, \varphi_2, \varphi_3, \varphi_4$ (Fig. a und b). Wenn wir nun setzen

$$z_{st} = \alpha \cos \frac{2\pi t}{T} + \alpha' \sin \frac{2\pi t}{T}\,; \quad \varphi_{st} = \beta \sin \frac{2\pi t}{T} + \beta' \cos \frac{2\pi t}{T},$$

und machen darin

$$\alpha = \frac{z_1 - z_3}{2},\ \alpha' = \frac{z_2 - z_4}{2};\ \beta = \frac{\varphi_2 - \varphi_4}{2},\ \beta' = \frac{\varphi_1 - \varphi_3}{2},$$

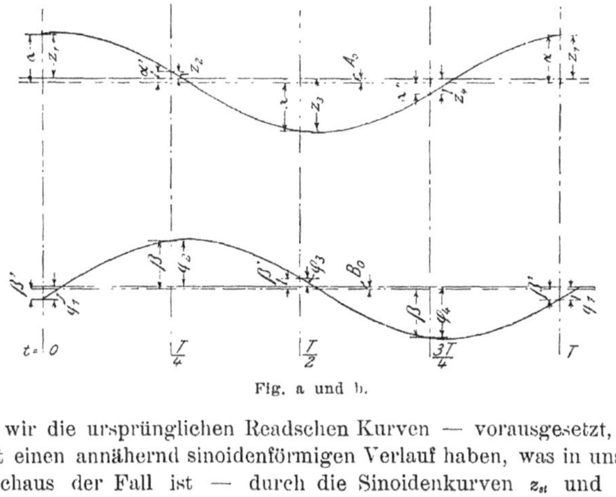

Fig. a und b.

so haben wir die ursprünglichen Readschen Kurven — vorausgesetzt, daß diese überhaupt einen annähernd sinoidenförmigen Verlauf haben, was in unserem Beispiel durchaus der Fall ist — durch die Sinoidenkurven z_{st} und φ_{st} so gut wie möglich ersetzt. Die mittleren Gleichgewichtslagen sind dabei gegen die Lage im glatten Wasser im Mittel um $A_0 = \frac{z_1 + z_2 + z_3 + z_4}{4}$ bezw. $B_0 = \frac{\varphi_1 + \varphi_2 + \varphi_3 + \varphi_4}{4}$ verschoben.

Für unser Beispiel ist (angenäherte Welle):

$$z_1 = +0{,}293 \text{ m}, \qquad \varphi_1 = -0{,}0080,$$
$$z_2 = -0{,}048 \text{ »}, \qquad \varphi_2 = +0{,}0577,$$
$$z_3 = -0{,}403 \text{ »}, \qquad \varphi_3 = +0{,}0063,$$
$$z_4 = -0{,}070 \text{ »}, \qquad \varphi_4 = -0{,}0599,$$

folglich

$$z_{st} = \frac{0{,}293 + 0{,}403}{2} = 0{,}348 \text{ m, d. i. } a = \frac{z_{st} F}{r} = \frac{0{,}348 \cdot 311{,}4}{1{,}3} = 83{,}4 \text{ m}^2,$$

$$z_{st}' = \frac{-0{,}048 + 0{,}070}{2} = 0{,}011 \text{ », » } a' = \frac{z_{st}' F}{r} = \frac{0{,}011 \cdot 311{,}4}{1{,}3} = 2{,}6 \text{ »},$$

$$A_0 = \frac{0{,}293 - 0{,}048 - 0{,}403 - 0{,}070}{4} = -0{,}057 \text{ m, d. i. } a^0\text{[1]} = A_0 F = -0{,}057 \cdot 311{,}4 = -17{,}8 \text{ m}^3,$$

$$\varphi_{st} = \frac{0{,}0577 + 0{,}0599}{2} = +0{,}0588, \text{ d. i. } b = \frac{\varphi_{st} J_w}{r} = \frac{0{,}0588 \cdot 68264}{1{,}3} = 3088 \text{ m}^3,$$

$$\varphi_{st}' = \frac{-0{,}0080 - 0{,}0063}{2} = -0{,}0072, \text{ » » } b' = \frac{\varphi_{st}' J_w}{r} = -\frac{0{,}0072 \cdot 68264}{1{,}3} = -378 \text{ »},$$

$$B_0 = \frac{0{,}0577 - 0{,}0599 - 0{,}0080 + 0{,}0062}{4} = -0{,}0010, \text{ d. i. } b^0\text{[1]} = B_0 J_w = -0{,}0010 \cdot 68264 = -68{,}3 \text{ m}^4.$$

Die Uebereinstimmung der hier erhaltenen Werte a, a', b, b' mit denen der analytischen Rechnung (S. 106) kann man, bis auf den nicht sehr wichtigen Wert a', als recht gut bezeichnen; die Unregelmäßigkeit der Form macht sich also bei den geringen Ausschlägen des statischen Gleichgewichts noch nicht sehr bemerkbar.

Da die aus den Readschen Kurven abgeleiteten Werte genauer zutreffen müssen, benutzen wir diese zur Weiterrechnung Es ist

$$k^2 = \frac{gF}{V} = \frac{9{,}81 \cdot 311{,}4}{460} = 6{,}64, \quad k = 2{,}577,$$
$$m^2 = \frac{\gamma J_w}{J} = \frac{1{,}025 \cdot 68\,264}{8084} = 8{,}66, \quad m = 2{,}943,$$

folglich

$$Q = k^2 z_{st} = 6{,}64 \cdot 0{,}348 = 2{,}311, \quad Q' = k^2 z_{st}' = 6{,}64 \cdot 0{,}011 = 0{,}073,$$
$$R = m^2 \varphi_{st} = 8{,}66 \cdot 0{,}0588 = 0{,}509, \quad R' = m^2 \varphi_{st}' = -8{,}66 \cdot 0{,}0072 = 0{,}062.$$

Es war angenommen worden

die Schiffsgeschwindigkeit . . . . $V_s = 22\,kn = 11{,}32$ m/sk;

ferner ist

die absolute Wellengeschwindigkeit . . $V_w = 1{,}25 \sqrt{L} = 10{,}00$ » ,

folglich

die relative » . . $V_r = 21{,}32$ m/sk,

somit

die relative Wellenperiode $T = \frac{L}{V_r} = \frac{64}{21{,}32} = 3{,}00$ sk; $n = \frac{2\pi}{T} = 2{,}094$.

---

[1]) Die hier neu eingeführten Größen a^0 und b^0 sind mit Rücksicht auf das später (S. 109 ff.) zu behandelnde Kriloffsche Korrektionsverfahren berechnet.

Auf Grund der Gl. (39) und (41), für deren Berechnung wir sämtliche erforderlichen Werte bereits ermittelt haben, erhalten wir $w_1^2 = 0{,}167$, $w_2^2 = 1{,}31$, und somit schließlich aus den Gl. (34) und (35) (S. 25), indem wir in diesen noch die absoluten Glieder A_0 und B_0 hinzufügen:

$$\text{I)} \quad z = -0{,}057 + 0{,}886 \cos nt + 0{,}369 \sin nt,$$

$$\text{II)} \quad \varphi = -0{,}0010 + 0{,}0842 \sin nt - 0{,}0620 \cos nt.$$

Diese Gleichungen können uns, nach den vorausgeschickten Bemerkungen, den Schwingungsverlauf nur in einer sehr rohen Annäherung liefern und sind nur zu benutzen, um daraus die Anfangsbedingungen für die graphische Integration zu entnehmen. Bis zu einem gewissen Grade ist eine Korrektur dieser Gleichungen möglich mit Hülfe des Kriloffschen Korrekturverfahrens, das sich in der bereits (S. 8) erwähnten Abhandlung: »A new theory of the pitching motion . . .« entwickelt findet und das ich bei dieser Gelegenheit kurz wiedergeben und auf unser Beispiel anwenden möchte. Dasselbe beruht auf folgender Ueberlegung:

Wir hatten für die beschleunigende Kraft bezw. Moment der Wellenzone die Gl. (14) und (18) (S. 16 und 17) abgeleitet, denen wir hier noch die absoluten Glieder a^0 und b^0 hinzufügen wollen:

$$\mathfrak{v} = Fz - a^0 - ra \cos nt - ra' \sin nt; \quad \mathfrak{m} = J_w \varphi - b^0 - rb \sin nt - rb' \cos nt.$$

In Wirklichkeit, namentlich wegen der Veränderlichkeit der Wasserlinienform an den Enden, zumal bei starkem Aus- und Eintauchen der Schiffsenden, werden nun $\mathfrak{v}$ und $\mathfrak{m}$ nicht diesem Gesetze folgen, sondern einem anderen; wenn die Schiffsform jedoch nicht zu extrem ist, werden wir wenigstens immer noch einen annähernd sinoidenförmigen Verlauf von $\mathfrak{v}$ und $\mathfrak{m}$ voraussetzen und schreiben können:

$$\mathfrak{v} = Fz - a_x^0 - ra_x \cos nt - ra_x' \sin nt; \quad \mathfrak{m} = J_w \varphi - b_x^0 - rb_x \sin nt - rb_x' \cos nt,$$

und hierin lassen sich die neuen Größen mit dem Index x annähernd ermitteln, indem wir für mehrere Zeitpunkte t auf Grund des zugehörigen, den unkorrigierten Schwingungsgleichungen entnommenen Schwingungsausschläge z und φ die Lage des Schiffes in der Welle fixieren, $\mathfrak{v}$ und $\mathfrak{m}$ nach den Linien genau berechnen und aus den auf diese Weise sich ergebenden Werten von $a_x, b_x, \ldots$ das Mittel nehmen. Praktisch werden die vier Zeitpunkte $t = 0, \frac{T}{4}, \frac{T}{2}, \frac{3T}{4}$ ausreichen. Geben wir den zugehörigen Größen der Schwingungsausschläge sowie der Volumina und Momente der Wellenzone den Index 1, 2, 3, 4, so wird

$$t = 0 \quad \mathfrak{v}_1 = Fz_1 - a_x^0 - ra_x$$

$$t = \frac{T}{2} \quad \mathfrak{v}_3 = Fz_3 - a_x^0 + ra_x, \quad \text{somit}$$

$$a_x = \frac{(Fz_1 - \mathfrak{v}_1) - (Fz_3 - \mathfrak{v}_3)}{2r}, \quad a_x^0 = \frac{(Fz_1 - \mathfrak{v}_1) + (Fz_3 - \mathfrak{v}_3)}{2}.$$

Ebenso ergibt sich aus den Zeitpunkten $t = \frac{T}{4}$ und $\frac{3T}{4}$:

$$a_x' = \frac{(Fz_2 - \mathfrak{v}_2) - (Fz_4 - \mathfrak{v}_4)}{2r}, \quad a_x^0 = \frac{(Fz_2 - \mathfrak{v}_2) + (Fz_4 - \mathfrak{v}_4)}{2};$$

für a_x^0 müßte man aus den beiden erhaltenen Werten das Mittel nehmen.

In entsprechender Weise wird

$$b_x = \frac{(J_w\varphi_2 - \mathfrak{m}_2) - (J_w\varphi_4 - \mathfrak{m}_4)}{2r}, \quad b_x' = \frac{(J_w\varphi_1 - \mathfrak{m}_1) - (J_w\varphi_3 - \mathfrak{m}_3)}{2r},$$

$$b_x^0 = \frac{(J_w\varphi_1 - \mathfrak{m}_1) + (J_w\varphi_2 - \mathfrak{m}_2) + (J_w\varphi_3 - \mathfrak{m}_3) + (J_w\varphi_4 - \mathfrak{m}_4)}{4}.$$

Wenn nun bisher zur Bestimmung der Schwingungen die Größen a, b, ... maßgebend waren, so treten infolge der festgestellten Abweichungen der wirklichen Beschleunigungskräfte und -momente von den ursprünglich vorausgesetzten neue Schwingungen hinzu, die als unabhängig von den ersten zu betrachten und auf Grund der Differenzen $\Delta a = a_x - a$, $\Delta_b = b_x - b$, ..., im übrigen aber nach derselben Methode wie bisher zu berechnen sind. Es ergeben sich daraus die Zusatzschwingungen Δz und $\Delta \varphi$ und als endgültige Schwingungen die Summen $z_r = z + \Delta z$, $\varphi_r = \varphi + \Delta \varphi$.

In unserem Beispiel erhalten wir aus den Formeln I und II die Werte:

$$z_1 = -0{,}057 + 0{,}886 = 0{,}829; \qquad \varphi_1 = -0{,}0010 - 0{,}0620 = -0{,}0630$$
$$z_2 = -0{,}057 + 0{,}369 = 0{,}312; \qquad \varphi_2 = -0{,}0010 + 0{,}0842 = +0{,}0832$$
$$z_3 = -0{,}057 + 0{,}886 = -0{,}934; \qquad \varphi_3 = -0{,}0010 + 0{,}0620 = -0{,}0610$$
$$z_4 = -0{,}057 - 0{,}369 = -0{,}426; \qquad \varphi_4 = -0{,}0010 - 0{,}0842 = -0{,}0852,$$

und daraus, indem wir jedesmal das zwischen der Konstruktionswasserlinie und der durch z und φ bestimmten Wellenwasserlinie liegende Volumen $\mathfrak{v}$ sowie dessen Moment $\mathfrak{m}$ bezogen auf Mitte Schiff mit Hülfe der Simpsonschen Regel bestimmen, finden wir:

$$\mathfrak{v}_1 = +68{,}2\ \text{m}^3, \quad \mathfrak{v}_2 = +125{,}4\ \text{m}^3, \quad \mathfrak{v}_3 = -159{,}1\ \text{m}^3, \quad \mathfrak{v}_4 = -123{,}3;$$
$$\mathfrak{m}_1 = -1723\ \text{m}^4, \quad \mathfrak{m}_2 = +1524\ \text{m}^4, \quad \mathfrak{m}_3 = +2660\ \text{m}^4, \quad \mathfrak{m}_4 = -1903\ \text{m}^4.$$

Für Berechnung von a_x, b_x, ... aus den oben entwickelten Formeln sind nun alle erforderlichen Größen bekannt und wir erhalten:

$$a_x = 123{,}8\ \text{m}^2, \qquad a_x' = -7{,}2\ \text{m}^2, \qquad a_x^0 = +5{,}2\ \text{m}^3;$$
$$b_x = 3103\ \text{m}^3, \qquad b_x' = -1570\ \text{m}^3, \qquad b_x^0 = -201\ \text{m}^4;$$

ferner

$$\Delta a = a_x - a = 123{,}8 - 83{,}4 = 40{,}4\ \text{m}^2; \qquad \Delta Q = \frac{k^2\, r\, \Delta a}{F} = +1{,}200$$
$$\Delta a' = a_x' - a' = -7{,}2 - 2{,}6 = -9{,}8\ \text{m}^2; \qquad \Delta Q' = \frac{k^2\, r\, \Delta a'}{F} = -0{,}291$$
$$\Delta a^0 = a_x^0 - a^0 = 5{,}2 + 17{,}8 = 23{,}0\ \text{m}^3; \qquad \Delta A_0 = \frac{\Delta a^0}{F} = +0{,}074$$
$$\Delta b = b_x - b = 3103 - 3088 = 15\ \text{m}^3; \qquad \Delta R = \frac{m^2\, r\, \Delta b}{J_w} = +0{,}0017$$
$$\Delta b' = b_x' - b = -1570 + 378 = -1192\ \text{m}^3; \qquad \Delta R' = \frac{m^2\, r\, \Delta b'}{J_w} = -0{,}197$$
$$\Delta b^0 = b_x^0 - b^0 = -201 + 68 = -133\ \text{m}^4; \qquad \Delta B_0 = \frac{\Delta b^0}{J_w} = -0{,}002.$$

Die Größen $\Delta Q_m = \sqrt{\Delta Q^2 + \Delta Q'^2} = 1{,}235$ und $\Delta R_m = \sqrt{\Delta R^2 + \Delta R'^2} = 0{,}197$ führen nach Gl. (39) und (41) zu $\Delta w_1{}^2 = 0{,}052$, $\Delta w_2{}^2 = 0{,}246$, und damit wird

$$\Delta z = +0{,}074 + 0{,}536 \cos nt + 0{,}003 \sin nt,$$
$$\Delta \varphi = -0{,}002 - 0{,}0103 \sin nt - 0{,}0434 \cos nt,$$

und die resultierenden Schwingungen sind

$$\text{Ia)} \quad z_r = z + \Delta z = +0{,}017 + 1{,}422 \cos nt + 0{,}372 \sin nt,$$
$$\text{IIa)} \quad \varphi_r = \varphi + \Delta \varphi = -0{,}0030 + 0{,}0739 \sin nt - 0{,}1054 \cos nt.$$

Schon daraus, daß das, was doch nur als Korrektur gedacht ist, zu einer völligen Umgestaltung der ursprünglichen Gl. (I) und (II) führt, sehen wir, daß die Grundlagen der ganzen Rechnung hier nicht zutreffen können; auch die Korrektur, mag sie auch zweifellos eine Annäherung an den tatsächlichen Zustand gegenüber dem ersten Resultat bedeuten (vergl. Fig. 5, Taf. I), kann doch den außerordentlich großen Abweichungen der gemachten Annahmen von der Wirklichkeit nicht genügend Rechnung tragen. Für andere weniger krasse Fälle ist dies Verfahren aber sehr gut anwendbar und ist deshalb der Vollständigkeit halber als Ergänzung der rein analytischen Rechnung hier wiedergegeben worden.

Für unser Beispiel bleibt als einzig mögliche Methode die der **graphischen Integration** übrig. Die Anfangsbedingungen würde man, nachdem einmal das Kriloffsche Korrektionsverfahren durchgeführt ist, zweckmäßigerweise den korrigierten Schwingungsgleichungen entnehmen, es ist dies hier nicht geschehen, um zu zeigen, daß die unkorrigierten Gleichungen als Grundlage des Anfangszustandes auch schon ihren Zweck erfüllen und daher eine vorhergehende Korrektur, wie sie hier aus anderen Gründen vorgenommen wurde, nicht erforderlich ist.

Die graphische Integration ist, nachdem die Hauptgesichtspunkte in dem betreffenden Abschnitt A II bereits beschrieben sind, im einzelnen in folgender Weise durchgeführt:

Teile die Dauer einer relativen Wellenperiode in eine Anzahl gleicher Zeitteile Δt, entsprechend den Zeitpunkten $t = 0, 1, 2, 3 \ldots$; die für einen solchen Zeitpunkt geltenden Größen erhalten den entsprechenden Index. Wie bei der Integration verfahren ist, um zu erreichen, daß die später durchgezogenen kontinuierlichen Kurven der drei Größen z, v, p, bezw. q, ω, ε möglichst den ursprünglichen Stufenkurven flächengleich werden, und so die Ungenauigkeiten der stufenweisen Integration möglichst zu verkleinern, ist aus Fig. c zu ersehen.

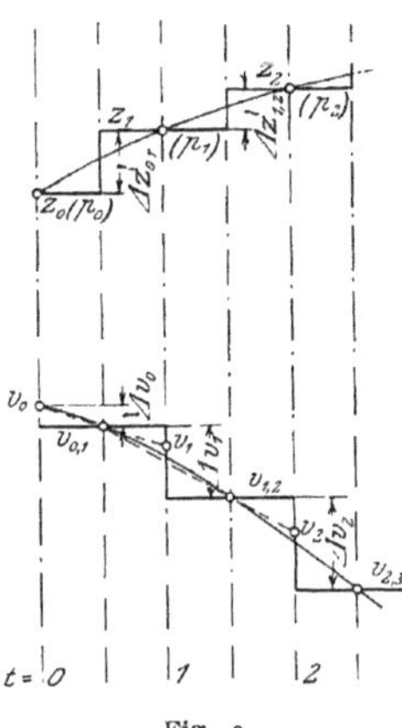

Fig. c.

Also wenn wir von dem Zeitpunkt $t = 0$ ausgehen, ergeben sich die Werte in folgender Reihenfolge (hier nur für die vertikalen Schwingungen angegeben):

Gegeben als Anfangsbedingungen z_0 und v_0. Zu berechnen

$$p_0 = \frac{g}{V}\left(-\,\mathfrak{v}_0 \pm \psi\, F_0\, v_0^{\,2}\right)$$

in der auf S. 44/45 beschriebenen Weise. Dann $\Delta v_0 = p_0 \frac{\Delta t}{2}$; $v_{0,1} = v_0 + \Delta v_0$; $v_1 = v_0 + 2\,\Delta v_0$; $\Delta z_{0,1} = v_{0,1}\,\Delta t$; $z_1 = z_0 + \Delta z_{0,1}$. Dann weiter $p_1 = \frac{g}{V}\left(-\mathfrak{v}_1 \pm \psi F_1 v_1^{\,2}\right)$; $\Delta v_1 = p_1\,\Delta t$; $v_{1,2} = v_{0,1} + \Delta v_1$; $v_2 = v_{0,1} + 1{,}5\,\Delta v_1$; $\Delta z_{1,2} = v_{1,2}\,\Delta t$; $z_2 = z_1 + \Delta z_{1,3}$; dann immer so weiter wie für $t = 1$. In genau entsprechender Weise sind die Werte q, ω und ε $\left(= \frac{\gamma}{J}\left(-\mathfrak{m} \pm \psi N \omega^2\right)\right)$ zu ermitteln und zu gegenseitiger Weiterbildung zu benutzen.

Zu der auf S. 45 beschriebenen Ermittlung der Beschleunigungen ist als Ergänzung noch hinzuzufügen, daß

1) wegen der unsymmetrischen Form der Wellenwasserlinie in bezug auf Mitte Schiff der Widerstand gegen die vertikalen Schwingungen ein Moment auf Mitte Schiff besitzt von der Größe $\gamma\psi v^2 \int_{-\frac{L}{2}}^{+\frac{L}{2}} \beta x dx = \gamma\psi v^2 S$, welches in der Gleichung für $\varepsilon = \frac{d^2\varphi}{dt^2}$, und der Widerstand gegen die Stampfschwingungen eine Vertikalkraft liefert von der Größe $\gamma\psi\omega^2\left(\int_0^{\frac{L}{2}} \beta x^2 dx + \int_0^{-\frac{L}{2}} \beta x^2 dx\right) = \gamma\psi\omega^2 Z$, welche in der Gleichung für $p = \frac{d^2 z}{dt^2}$ zu berücksichtigen ist. Nötig ist dies aber nur, wenn gleichzeitig v und S, bezw. ω und Z hohe Werte erreichen;

2) daß wegen der Lage des Gewichtschwerpunktes außerhalb des Hauptspantquerschnittes, wie schon auf S. 72 abgeleitet, eine Vertikalkraft $-\frac{Ps}{g}\varepsilon$ und ein Moment $-\frac{Psp}{g}$ hinzutritt, die, falls ε bezw. p groß sind, ebenfalls in den entsprechenden Beschleunigungsgleichungen zu berücksichtigen sind.

Unter Hinzufügung dieser Größen würden letztere Gleichungen lauten:

$$p = \frac{d^2 z}{dt^2} = \frac{g}{V}(-\mathfrak{v} \pm \psi F v^2 \pm \psi Z \omega^2) - s\varepsilon\,^{1)}$$

$$\varepsilon = \frac{d^2\varphi}{dt^2} = \frac{\gamma}{J}(-\mathfrak{m} \pm \psi N \omega^2 \pm \psi S v^2) - \frac{sp}{i^2}\,^{1)}.$$

p und ε sind dabei zunächst ohne Berücksichtigung der letzten Glieder zu berechnen, diese sind nachträglich als Korrektur hinzuzufügen.

Was im übrigen über die graphische Integration zu sagen ist, ist bereits in den allgemeinen Bemerkungen des Abschnittes A II vorausgeschickt worden.

Indem wir zu unserem Beispiel zurückkehren, finden wir aus Gl. (I) und (II) (S. 109) für $t = 0$ die Anfangsbedingungen

$z_0 = -0{,}057 + 0{,}886 = +0{,}829$ m, $\varphi_0 = -0{,}0010 - 0{,}0620 = -0{,}0630$ und

$v_0 = \frac{dz}{dt_{(t=0)}} = 2{,}094 \times 0{,}369 = 0{,}773$ m/sk, $\omega_0 = \frac{d\varphi}{dt_{(t=0)}} = 2{,}094 \times 0{,}0842 = 0{,}176$ 1/sk.

Wir teilen die Dauer der relativen Wellenperiode $T = 3$ sk in 15 Teile, so daß $\Delta t = 0{,}2$ sk. Die Rechnung, welche während der ersten Wellenperiode für jeden der 15 Zeitpunkte durchzuführen ist, möchte ich an einem beliebig gewählten Zeitpunkt, z. B. $t = 11$, zahlenmäßig veranschaulichen:

$\underline{t = 11.}$

Es war in der Rechnung für $t = 10$ festgestellt

$z_{11} = -0{,}600$ m, $v_{11} = +1{,}676$ m/sk, $v_{10,11} = 1{,}266$ m/sk;

$\varphi_{11} = -0{,}0737$, $\omega_{11} = -0{,}1296$ 1/sk, $\omega_{10,11} = -0{,}1576$ 1/sk.

Bringe die Welle in die durch z_{11} und φ_{11} bestimmte Lage zum Schiff und markiere die Schnittpunkte der Wellenkontur mit den Spanten; die Breiten-

---

1) Entstanden aus: $\frac{-\frac{Ps}{g}\varepsilon}{M}$ mit $M = \frac{P}{g}$ bezw. aus $\frac{-\frac{Psp}{g}}{J}$ mit $J = \frac{P}{g}i^2$.

ordinaten der Wellenwasserlinie seien mit β', die Höhen der Schnittpunkte über *CWL* mit *QR* bezeichnet (vergl. Fig. 3, S. 14).

I) Berechnung von $\mathfrak{v}_{,,}$ und $\mathfrak{m}_{,,}$

Spant	Aufmaße der C.W.L. β	Aufmaße der Wellen-W.L. β'	$\frac{\beta+\beta'}{2}$	QR	$QR\frac{\beta+\beta'}{2}$	Koef-fizient	Produkt	Heb.	Produkt
0	0,18	0,00	0,15	−1,15	−0,20	1	− 0,20	+3	− 0,60
2	5,35	5,55	5,50	−1,10	−6,05	4	−24,20	+2	−48,40
4	6,68	6,72	6,70	−1,16	−1,07	2	− 2,14	+1	− 2,14
6	6,75	6,81	6,78	−0,29	−1,97	4	− 7,88	±0	± 0,00
8	5,80	6,00	5,90	−0,70	−4,13	2	− 8,26	−1	+ 8,26
10	3,50	3,68	3,59	−0,60	−2,16	4	− 8,64	−2	+17,28
12	0,06	0,06	0,06	+1,95	+0,12	1	+ 0,12	−3	− 0,36
							−51,20		−25,96
							$\cdot\frac{h}{3} = 3{,}555$		$\cdot\frac{h^2}{3} = 37{,}93$
							$\mathfrak{v}_{,,} = -182{,}1\ m^3$		$\mathfrak{m}_{,,} = -984\ m^4$

II) Berechnung von F, S, J_w, Z, N.

Spant	Aufmaße der Wellen-W. L. β'	Koef-fizient	Produkt	Heb.	Produkt	Heb.	Produkt	Heb.	Produkt
0	0,00	1	0,00	+3	+ 0,00	+3	+ 0,00	+3	0,00
2	5,55	4	22,20	+2	+44,40	+2	+ 88,80	+2	177,60
4	6,72	2	13,44	+1	+13,44	+1	+ 13,44	+1	13,40
6	6,81	4	27,24	±0	± 0,00	±0	+102,24	±0	0,00
8	6,00	2	12,00	−1	−12,00	±1	± 12,00	+1	12,00
10	3,68	4	14,72	−2	−29,40	±2	± 58,88	+2	117,76
12	0,06	1	0,06	−3	− 0,18	±3	± 0,54	+3	1,62
			89,66		+16,22		± 71,42		322,42

$\cdot\frac{h}{3} = 3{,}555$ $\quad F = 318{,}7\ m^2$

$\cdot\frac{h^2}{3} = 37{,}93$ $\quad S = +615\ m^3$

1) 173,66 $\quad \cdot\frac{h^3}{3} = 404{,}6$ $\quad J_w = 70263\ m^4$

2) 30.82 $\quad \cdot 404{,}6$ $\quad Z = 12469\ m^4$

$\cdot\psi\frac{h^4}{3} = 0{,}036\times 4817 = 155{,}4$ $\quad \psi N = 50194\ m^5$

Hieran ist folgende Rechnung zu schließen:

$$-\mathfrak{v}_{11} = +182{,}1$$
$$-\psi_2 F v_{11}^2 = -0{,}022\times(1{,}676)^2\times 318{,}7 = -19{,}7$$
$$+\psi Z \omega_{11}^2 = +0{,}036\times(0{,}1296)^2\times 12964 = +7{,}5$$
$$+169{,}9$$

$$-\mathfrak{m}_{11} = +984$$
$$+\psi N \omega_{11}^2 = +(0{,}1296)^2\times 50194 = +844$$
$$-\psi_2 S v_{11}^2 = -0{,}022\,(1{,}676)^2\times 615 = -38$$
$$+1790$$

$$p_{.1} = \frac{g}{V}\times 169{,}9 = \frac{9{,}81}{460}\times 169{,}9 = +3{,}62\ \mathrm{m/sk^2}$$

$$\varepsilon = \frac{\gamma}{J}\times 1790 = \frac{1{,}025}{8084}\times 1790 = +0{,}227\ \mathrm{1/sk^2}$$

Korrektur für Gewichtschwerpunkt:

$$-s\varepsilon = -0{,}55\times 0{,}227 = -0{,}13$$
$$p_{11} = +3{,}49\ \mathrm{m/sk^2}$$
$$\varDelta v_{11} = 3{,}49\times 0{,}2 = 0{,}698 \qquad \times 1{,}5 = 1{,}049$$
$$v_{10,11} = +1{,}266 \qquad +1{,}266$$
$$v_{11,12} = \mathbf{+1{,}964}\ \mathrm{m/sk} \qquad v_{12} = \mathbf{+2{,}315}\ \mathrm{m/sk}$$

$$\varDelta z_{11,12} = 1{,}964\times 0{,}2 = +0{,}393$$
$$z_{11} = -0{,}600$$
$$z_{12} = \mathbf{-0{,}207}\ \mathrm{m}$$

Korrektur für Gewichtschwerpunkt:

$$-\frac{ps}{i^2} = -\frac{3{,}49\cdot 0{,}55}{168} = -0{,}011$$
$$\varepsilon_{11} = +0{,}216\ \mathrm{1/sk^2}$$
$$\varDelta\omega_{11} = 0{,}216\times 0{,}2 = +0{,}0432 \times 1{,}5 = +0{,}0618$$
$$\omega_{11,12} = -0{,}1576 \qquad -0{,}1576$$
$$\omega_{11,12} = \mathbf{-0{,}1144}\ \mathrm{1/sk} \qquad \omega_{12} = \mathbf{-0{,}0928}\ \mathrm{1/sk}$$

$$\varDelta\varphi_{11.12} = -0{,}1144\times 0{,}2 = -0{,}0229$$
$$\varphi_{11} = -0{,}0737$$
$$\varphi_{12} = \mathbf{-0{,}0966}$$

Damit sind die für $t = 12$ gesuchten und zur Weiterbildung der Kurven notwendigen durch fetten Druck hervorgehobenen Werte gefunden. Ebenso ist bei allen anderen Zeitpunkten der ersten Wellenperiode zu verfahren

Mit dem Eintritt in die zweite Wellenperiode kann, wie in Abschnitt A II ausgeführt, eine Vereinfachung der Rechnung vorgenommen werden, indem es nicht mehr nötig ist, zur Bestimmung der Volumina $\mathfrak{v}$ und Momente $\mathfrak{m}$ die Linien zu Hülfe zu nehmen. Für den $t = 11$ entsprechenden Zeitpunkt der zweiten Periode, also $t = 26$, hatte sich z. B. ergeben $z_{26} = -0{,}710$ m, $\varphi_{26} = -0{,}0669$; dies ergibt gegen $t = 11$ die Verschiebungen $\Delta z_{11}{}^{26} = -0{,}710 + 0{,}600 = -0{,}110$ m, $\Delta \varphi_{11}{}^{26} = -0{,}0669 + 0{,}0737 = +0{,}0068$; dieselben sind offenbar klein genug, um innerhalb der durch sie bestimmten Zone die Form der Wellenwasserlinie als konstant voraussetzen zu können. Es ist daher (nach S 46)

$$\Delta \mathfrak{v}_{11}{}^{26} = F \Delta z_{11}{}^{26} + S \Delta \varphi_{11}{}^{26} = -318{,}7 \times 0{,}110 + 615 \times 0{,}0068 = -30{,}9 \text{ m}^3$$
$$\Delta \mathfrak{m}_{11}{}^{26} = J_w \Delta \varphi_{11}{}^{26} + S \Delta z_{11}{}^{26} = 70\,263 \times 0{,}0068 - 615 \times 0{,}110 = +410 \text{ m}^4,$$

und

$$\mathfrak{v}_{26} = \mathfrak{v}_{11} + \Delta \mathfrak{v}_{11}{}^{26} = -182{,}1 - 30{,}9 = -213{,}0 \text{ m}^3$$
$$\mathfrak{m}_{26} = \mathfrak{m}_{11} + \Delta \mathfrak{m}_{11}{}^{26} = -984 + 410 = -574 \text{ m}^4.$$

Die Weiterführung der Rechnung weist gegen die der ersten Periode keine Unterschiede auf.

Die auf diese Weise durchgeführte graphische Integration ist in Fig. 4a und b (Tafel I) durch Kurven dargestellt. Die Figuren sind der Uebersichtlichkeit halber getrennt gezeichnet, gehören aber zusammen, da die Kurven beider Figuren gleichzeitig entwickelt werden müssen. Es sind gezeichnet die Kurven der Schwingungsausschläge, der Geschwindigkeiten und der Beschleunigungen, und zwar für die ersten 3 relativen Wellenperioden. Wir sehen, daß der Schwingungszustand am Ende der dritten Periode sich nur noch sehr wenig von dem am Ende der zweiten herrschenden unterscheidet, und es ist daher überflüssig, die Integration noch weiter zu führen; die kleine noch bestehende Differenz kann man schätzungsweise beseitigen und gelangt so zu den in Fig. 5 (Taf. I) dick ausgezogenen endgültigen Kurven der Schwingungsausschläge z und φ.

Man erkennt aus Fig. 4a, b, daß namentlich die Kurven der Beschleunigungen einen sehr unregelmäßigen Verlauf und auch nicht mehr die entfernteste Aehnlichkeit mit einer Sinoidenform aufweisen, und daß daher eine analytische Lösung der vorliegenden Aufgabe notwendigerweise zu verkehrten Resultaten führen müßte. Um die Abweichung in den Ergebnissen zu veranschaulichen, sind in Fig. 5 die Schwingungskurven, die wir als Resultat der analytischen Rechnung, sowohl der korrigierten wie der unkorrigierten, erhalten haben, den mit Hülfe der graphischen Integration gefundenen hinzugefügt.

In Fig. 6a bis h (Tafel II) ist das Torpedoboot in 8 aufeinanderfolgenden, durch die endgültigen z- und φ-Kurven der Fig. 5 bestimmten Schwingungslagen während einer relativen Wellenperiode dargestellt. Die Welle ist in der richtigen Form, also mit 3,0 m Höhe gezeichnet, der hydrodynamischen Druckverteilung ist, nachdem in der Rechnung selbst ja schon immer durch Verkleinerung der Wellenhöhe berücksichtigt, hier noch besonders durch Senkung der Nullage der Vertikalschwingungen um 0,05 m, wie sie sich aus Fig. 3 (Tafel I) gegenüber der angenäherten Welle ergeben hat, Rechnung getragen worden. Abgesehen von dem unmittelbaren Zweck der Bestimmung der dynamischen Biegungsmomente, zu welchem wir diese 8 verschiedenen Lagen des Schiffes in der Welle sowieso fixieren müssen, bietet uns Fig. 6 ein anschauliches und interessantes Bild des Schwingungsverlaufs und damit des Verhaltens des Bootes im Seegange. Die Schwingungen und das damit verbundene Aus- und Eintauchen der Enden, namentlich des Vorschiffes, erscheint so stark, daß sich wohl auch die verringerte Geschwindigkeit von 22 Knoten, die wir zugrunde gelegt haben, bei einem solchen Seegange nicht würde aufrecht erhalten lassen. Interessant ist der außerordentlich große Einfluß der Verschiedenheit der Vor- und Hinterschiffsform. Während das scharfe Vorschiffsteil, wie in Lage *a* und *b*, fast ganz austaucht, teils trotz der Erhöhung durch die Back stark überflutet wird, bewirkt die Hinterschiffsform mit ihrer großen Breite in der Wasserlinie und der starken Einziehung der Spanten unterhalb derselben, daß das Heck verhältnismäßig trocken bleibt und auch das Austauchen von Ruder, Schrauben usw. nicht übermäßig erscheint.

Die Ermittlung der in den so erhaltenen dynamischen Lagen auftretenden Biegungsmomente ist schon im Abschnitt B II in allen wesentlichen Punkten beschrieben, so daß nur noch die Anwendung auf unseren vorliegenden Fall übrig bleibt. Die graphische Durchführung dieser Rechnung ist in Fig. 7a bis h (Tafel III) dargestellt, als Beispiel der für jede einzelne Lage notwendigen zahlenmäßigen Rechnung will ich letztere an Lage *e* durchführen. — Die genaue in Fig. 6 gezeichnete Welle ist jetzt, um die Rechnung zu vereinfachen, wieder durch die angenäherte zu ersetzen.

Lage *e*. Es ist für diese

$$z = -1{,}06\ \text{m};\ v = -1{,}72\ \text{m/sk}^{1)},\ v^2 = 2{,}96;\ C_1\ (\text{s. S. }71) = +0{,}05 \times 2{,}96 = +0{,}148,$$
$$\varphi = +0{,}0824;\ \omega = -0{,}191\ 1/\text{sk}^{1)},\ \omega^2 = 0{,}0365;\ C_2\ (\text{s. S. }71) = 1000^{2)} \times 0{,}036 \times 0{,}0365 = +1{,}315.$$

1) Ermittlung der Kurve der beschleunigenden Kräfte (β, β' und QR wie in Zahlentafel I, S. 113).

Spant	β	β'	$\frac{\beta+\beta'}{2}$	QR	$h_0 = \frac{\beta+\beta'}{2} - QR$	$h_1 = \beta' C_1$	$\beta' C_2$	$\pm \frac{x^2}{1000}$	$h_2 = \beta' C_2 \frac{x^2}{1000}$	$h = h_0 + h_1 + h_2$	γh $(\gamma = 1{,}025)$
0	0,18	0,00	0,09	−0,25	− 0,02	+0,00	+0,00	+1,024	+0,00	− 0,02	− 0,02
2	5,35	5,00	5,18	−0,31	− 1,61	+0,74	+6,58	+0,455	+3,00	+ 2,13	+ 2,18
4	6,68	6,30	6,50	−0,61	− 3,97	+0,93	+8,29	+0,114	+0,95	− 2,09	− 2,14
6	6,75	6,69	6,72	−0,28	− 1,89	+0,99	+8,80	±0,000	±0,00	− 0,90	− 0,92
8	5,80	6,14	5,97	+1,33	+ 7,95	+0,91	+8,09	−0,114	−0,92	+ 7,94	+ 8,15
10	3,50	5,30	4,40	+3,98	+17,52	+0,78	+6,97	−0,455	−3,55	+14,75	+15,14
12	0,06	0,06	0,06	+4,50	+ 0,27	+0,01	+0,08	−1,024	−0,08	+ 0,20	+ 0,20

Die Ordinaten γh finden wir in Fig. 7e als Kurve *A* aufgetragen. Der Flächeninhalt der Kurve ergibt sich (mittels Planimeters) zu $f = +261{,}6\ t$, das Moment bezogen auf Mitte Schiff zu $m_f = -4500\ mt$. Als Korrektur wegen der Lage des Gewichtschwerpunktes außerhalb des Hauptspantquerschnittes ist zu m_f hinzuzufügen die Größe $-fs = -261{,}6 \times 0{,}55 = -144\ mt$, so daß m_f kor-

[1]) Die endgültigen Kurven der Geschwindigkeiten sind nicht gezeichnet, die hier verwendeten Werte v und ω sind aus den endgültigen Kurven für z und φ (Fig. 5, Tafel I) durch Konstruktion der Tangenten entnommen, indem $v = \operatorname{tg} \alpha = \frac{dz}{dt}$, $\omega = \operatorname{tg} \beta = \frac{d\varphi}{dt}$.

[2]) Es ist dafür in der Zahlentafel $\frac{x^2}{1000}$ statt x^2 gesetzt.

rigiert $= -4644\ mt$; zu f die Größe $-\frac{m_f s}{l^2} = +\frac{4644 \cdot 0{,}55}{168} = +15{,}2\ t$, so daß f korrigiert $= +276{,}8\ t$. Es ist daher

die Vertikalbeschleunigung $p = \frac{f}{M} = \frac{276{,}8 \times 9{,}81}{472} = +5{,}76\ \text{m/sk}^2$, $\frac{p}{g} = 0{,}587$,

die Winkelbeschleunigung $\varepsilon = \frac{m_f}{J} = -\frac{4644}{8084} = -0{,}575\ 1/\text{sk}^2$, $\frac{\varepsilon}{g} = -0{,}0585$.

2) Ermittlung der Kurve der Trägheitskräfte.

Wir berechnen für diese Kurve soviel Ordinaten, als die Gewichtskurve Fig. 2 (Tafel I) Absätze aufweist. Werden die entsprechenden Schnitte mit I bis VI bezeichnet, so ist

Schnitt	x	η	ηx	$-\eta \frac{p}{g}$	$-\eta x \frac{\varepsilon}{g}$	$-\frac{p+\varepsilon x}{g}\eta$
I	+32	2,75	+ 88,0	−1,62	+5,15	+ 3,53
II	+15	3,65	+ 54,8	−2,14	+3,21	+ 1,07
		11,30	+169,6	−6,64	+9,93	+ 3,29
III	+ 5	13,30	+ 66,5	−7,81	+3,89	− 3,92
IV	− 5	13,30	− 66,5	−7,81	−3,89	−11,70
V	−15	9,60	−144,0	−5,64	−8,83	−13,97
		3,80	− 57,0	−2,23	−3,34	− 5,57
VI	−32	1,85	− 59,2	−1,09	−3,47	− 4,56

Die Werte $-\frac{p+\varepsilon x}{g}\eta$, auf den entsprechenden Schnitten in umgekehrtem Sinne abgetragen, führen zu der mit B bezeichneten Kurve der Trägheitskräfte.

Aus den beiden Kurven A und B bezw. der zwischen beiden enthaltenen Fläche, welche die durch die Wellenwirkung, sowohl die statische wie die dynamische, hervorgerufene Belastung darstellt, ergibt sich die Kurve C der Biegungsmomente in der bekannten Weise. Es wurde hier kein Wert darauf gelegt, erst noch die Scherkräfte zu ermitteln, sondern es wurden mit Hülfe des Seilpolygons unmittelbar die Biegungsmomente festgestellt.

Dieselbe Rechnung ist für sämtliche 8 aufeinander folgenden Lagen während einer Wellenperiode vorzunehmen, Fig. 7a bis h. Um das Gesamtbiegungsmoment zu erhalten, ist noch das statische Biegungsmoment des Schiffes im glatten Wasser zu berechnen, wie in Fig. 8 (Tafel III) ausgeführt. Ferner ist in Fig. 9 das gesamte statische Moment ermittelt, und zwar für die Lage des Schiffes im Wellental, bei welcher es, da $M_0{}^0$ positiv, seinen größten absoluten Wert besitzt. Nebenbei bemerkt, ist zum Vergleich einmal die Deplacementskala, die sich auf Grund der angenäherten Welle und außerdem die, welche sich auf Grund der genauen Welle mit richtiger hydrodynamischer Druckverteilung ergibt, gezeichnet (letztere gestrichelt). Man sieht, daß praktisch zwischen beiden Kurven kaum ein Unterschied besteht, und so finden wir auch hier die Brauchbarkeit der Annäherung bestätigt.

Mit Hülfe der Kurven Fig. 7 a bis h und Fig. 8 kann man nun ohne weiteres den Verlauf des Gesamtbiegungsmoments während einer Wellenperiode für jeden beliebigen Querschnitt konstruieren, und dies ist in Fig. 10 für 5 verschiedene Querschnitte durchgeführt, einmal für den Hauptspantquerschnitt, ferner für die Querschnitte II, III, IV, V. Der Verlauf sämtlicher Kurven ist recht unregelmäßig und läßt sich auch nicht annähernd durch eine Sinoide wiedergeben. Doch erkennen wir als gemeinsame Eigenschaft, daß das Maximum der Kurven durchweg in der Nähe des Wellentales auftritt und daß das Minimum im Wellenberg, auch wenn wir von der eigentlichen Basis, d. h. deren Verschiebung durch das statische Moment im glatten Wasser wieder in Abrechnung gebracht, ausgehen, an absolutem Wert ganz bedeutend hinter dem Maximum zurückbleibt. Die letztere Erscheinung möchte ich noch kurz erklären.

Von vornherein, wenn man versuchen wollte, die allgemeinen, in Abschnitt B III gezogenen Folgerungen auf Grund des analytischen Verfahrens auf unser Beispiel anzuwenden, müßte man erwarten, daß das dynamische Zusatzmoment der Stampfschwingungen hier durchweg in entgegengesetztem Sinne wirkt wie das statische Moment der Wellenzone. Denn der Ausdruck $\left(\frac{J_0}{J} - \frac{J_{w0}}{J_w}\right)$, der uns als Kennzeichen[1]) diente, ergibt sich hier, wie durch einfache Rechnung festzustellen, $= -0{,}062$, ein für diesen Ausdruck sehr hoher negativer Wert. Nun gelten aber die Trägheitsmomente J_{w0} und J_w im Grunde, wie man sich bei Prüfung der Ableitung auf S. 67, am besten noch unter Zuhülfenahme von Fig. 10 (S. 44) und der dazu gemachten Bemerkungen unschwer überzeugt, nicht für die Konstruktionswasserlinie, sondern annähernd für eine Form, die das Mittel zwischen der jeweiligen Wellenwasserlinie der dynamischen und der zugehörigen statischen Lage bildet, und so ist im Verlauf der Schwingungen der Ausdruck $\frac{J_{w0}}{J_w}$ nur konstant, wenn die Wasserlinienform im Bereich der Wellenzone gleich bleibt. Aus denselben bereits angeführten Gründen, die unser Torpedoboot auch im übrigen als einen ganz extremen Fall kennzeichnen, ist nun aber $\frac{J_{w0}}{J_w}$ hier derart veränderlich, daß es in denjenigen Lagen, bei denen das Hinterschiff mit seinen unterhalb der Wasserlinie stark eingezogenen Spanten aus- und dafür das Vorschiff mit den weit ausfallenden Spanten der Back eintaucht, d. i. in den Lagen *d* bis *f*, Fig. 6, also im Wellental, sogar $< 0{,}5$ wird und daher der ganze Ausdruck $\left(\frac{J_0}{J} - \frac{J_{w0}}{J_w}\right)$ positive Werte annimmt. In diesen Lagen wirkt dann das Stampfschwingungsmoment in demselben Sinne wie das statische Moment der Wellenzone und zeigt sich daher das Maximum der Kurven Fig. 10 gegenüber dem Minimum so außerordentlich viel stärker ausgeprägt. Wir können ferner aus dieser Ueberlegung, unter gleichzeitiger Berücksichtigung, daß $M_0{}^0$ positiv ist und daß der Zustand des Synchronismus für beide Schwingungsarten noch in erheblichem Abstande von dem zugrunde gelegten Zustand liegt, mit Bezug auf die am Schluß des Abschnitts B III gemachte Zusammenstellung (S. 102/103) den Schluß ziehen, daß das Gesamtmaximalmoment in der Tat bei der Maximalgeschwindigkeit des Bootes gegen Richtung der Wellen zu suchen ist.

Wenn wir in Fig. 10 noch die in den 5 Querschnitten auftretenden, aus Fig. 9 zu entnehmenden statischen Maximalmomente eintragen (für Lage *e*, Wellental, durch horizontale Striche von der den zugehörigen Kurven entsprechenden Signatur angedeutet), so erkennen wir aus dem Verhältnis dieser Momente zu dem entsprechenden Gesamtmaximalmoment den Einfluß der dynamischen Schwingungen. Derselbe bringt durchweg einen beträchtlichen Zuwachs zu dem statischen Moment. Für den Hauptspantquerschnitt will ich das Ergebnis zahlenmäßig zusammenstellen. Es beträgt

das größte statische Biegungsmoment (im Wellental) . . . . . + 1195 *mt*,
» » Gesamtbiegungsmoment . . . . + 1590 *mt*.

[1]) Zunächst nur für den Hauptspantquerschnitt, doch liegen bei den anderen Querschnitten die Verhältnisse ähnlich.

Der Zuwachs zu ersterem ist $100 \cdot \frac{1590-1195}{1195} = \mathbf{33}$ vH.

Beide Momente sind unter den gleichen Bedingungen, nämlich unter Annahme hydrodynamischer Druckverteilung abgeleitet, und in dem Ergebnis kommt daher die reine dynamische Wirkung der Schwingungen zum Ausdruck. Nach der bisher üblichen Methode der Festigkeitsberechnung würde aber bei der Ermittlung des statischen Biegungsmoments hydrostatische Druckverteilung anzunehmen sein. Ich will die dadurch bedingte Aenderung des statischen Moments ohne nochmalige graphische Rechnung nur annähernd dadurch bestimmen, daß ich das statische Moment der Wellenzone, das ja nach Früherem direkt proportional der Wellenhöhe ist, im Verhältnis $\frac{r}{r_1} = \frac{1,5}{1,3}$ vergrößere. Es ist dazu von dem statischen Maximalbiegungsmoment von 1195 *mt* das in Fig. 8 ermittelte, in der statischen Gleichgewichtslage im glatten Wasser herrschende Moment von 190 *mt* in Abzug zu bringen. Es ist dann bei hydrostatischer Druckverteilung das statische Moment der Wellenzone $= (1195 - 190)\,\frac{1,5}{1,3} = 1160$ *mt* und folglich das gesamte statische Moment $= 1160 + 190 = 1350$ *mt.*

Gegenüber diesem Biegungsmoment, wie es bisher der Festigkeitsrechnung zugrunde gelegt werden würde, beträgt der Zuwachs unter gleichzeitiger Berücksichtigung der hydrodynamischen Druckverteilung und der dynamischen Wirkung der Wellenbewegung $100 \cdot \frac{1590-1350}{1350} = \mathbf{17,8}$ vH, ist also trotz der Entlastung durch den erstgenannten Einfluß hier noch immer recht beträchtlich.

Buchdruckerei A. W. Schade, Berlin N., Schulzendorfer Str. 26.

Additional information of this book

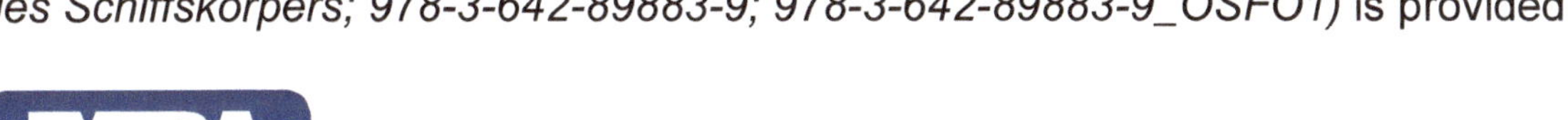

Die dynamischen Wirkungen der Wellenbewegung auf die Längsbeanspruchung des Schiffskörpers; 978-3-642-89883-9; 978-3-642-89883-9_OSFO1) is provided:

http://Extras.Springer.com

Tafel II.

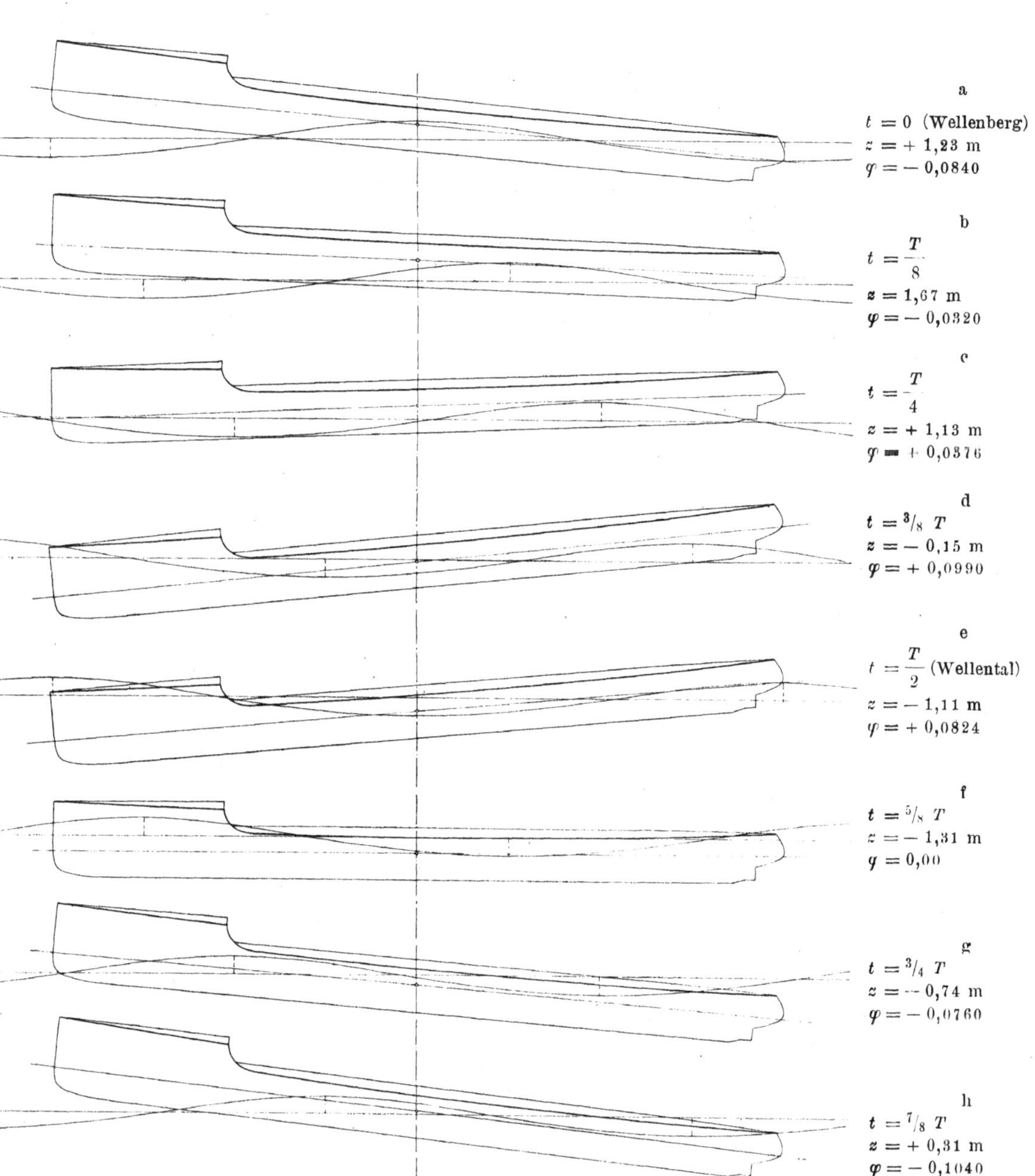

Fig. 6a bis h. Maßstab 1 : 600.

Additional information of this book

Die dynamischen Wirkungen der Wellenbewegung auf die Längsbeanspruchung des Schiffskörpers; 978-3-642-89883-9; 978-3-642-89883-9_OSFO2) is provided:

http://Extras.Springer.com

Druckfehlerberichtigung.

Seite 18,	Zeile 30:	statt	$\frac{\gamma g F}{P} - \frac{g F}{V}$ lies $\frac{\gamma g F}{P} = \frac{g F}{V}$.
» 20,	» 29:	»	»wo $\cos nt$ ist« lies »wo $\cos nt - +1$ ist«.
» 21,	» 9:	»	$\alpha \sqrt{\frac{2 \pi t}{T}}$ lies $\alpha \cos \frac{2 \pi t}{T}$.
» 25,	» 4:	»	S. 31 lies S. 21.
» 30,	» 11:	»	$k^2 = \ldots \frac{\alpha}{H \delta} g$ lies $\frac{\alpha}{H \delta} g$.
» 32,	» 2:	»	$q_0 = \ldots 0{,}194$ m lies $\varphi_0 = \ldots 0{,}194$.
» 32,	» 41:	»	S. 50 lies S. 60.
» 42,	» 1:	»	»Reduktinn« lies »Reduktion«.
» 52,	» 6:	»	S. 27 lies S. 47.
» 71,	» 39:	»	»Vertikabeschleunigung« lies »Vertikalbeschleunigung«.
» 107,	» 10:	»	(Fig. 11, Tafel III) lies (Fig. 9, Tafel III).